Photoshop
Illustrator
×
InDesign

商業平面設計三劍客

Ps **Ai** **Id** |**CC適用**|

作者序 | *Preface*

在商業平面設計領域中，Photoshop、Illustrator、InDesign 是最常使用軟體。本書採用現今流行的教學技法，將筆者 20 多年來從事商業設計與網頁設計豐富的工作經驗、遠赴日本各地區攝影取材的範例圖片納入其中，帶領各位讀者運用各項軟體強項來完成每一項商業設計作品。

基於對設計的堅持，筆者希望能透過本書的教學，傳達設計在日常生活中的重要性。因此，本書特別整合了各項軟體的技能，並結合各類型的商業設計。內容以實用的商業設計範例為主，包含了廣告 Banner 設計、AI 圖片生成、書籍封面封底設計、名片設計、三折型錄設計、多頁式旅遊書的設計……等。

祝大家學習愉快！

楊馥庭（庭庭老師）

目錄 *Contents*

① 日式風格名片設計

電商廣告 Banner 設計

3 DM 三折文宣設計

4 攝影技巧與編修處理

5 旅遊電子書排版（封面設計）

6 旅遊電子書排版（封底設計）

7 電子書內頁設計與編排（頁首頁尾）

8 InDesign 電子書編排

⑨ 電子書連結設定與出版

線上下載

本書範例素材與完成檔請至 http://books.gotop.com.tw/download/AEU017500
下載，檔案為 ZIP 格式，請讀者自行解壓縮即可。其內容僅供合法持有本書的讀者
使用，未經授權不得抄襲、轉載或任意散佈。

軟體介面介紹

Adobe Photoshop

Adobe Photoshop 是一款功能非常強大的繪圖軟體及點陣圖圖像編輯軟體，我們可以使用它進行照片中常見的圖像調整，例如：照片中的調色、亮度、對比度、色彩平衡、色彩飽和度⋯⋯等；也可以使用它進行影像合成，常見的功能有：圖層的功能運用、修片用的工具，製作特效的濾鏡⋯⋯等。

它強大的影像編輯功能，非常適合圖像愛好者、影像編輯人員、專業的設計師或攝影師使用。無論是想對照片進行簡單修復、調色、或是想要創作出較複雜的影像合成視覺效果，Photoshop 都有適合的工具以及功能來滿足使用者的需求。

工具列面板

Photoshop 具有各種選擇圖像的工具列，選擇適合的工具編輯圖像的特定部分。

圖層面板

在 Adobe Photoshop 繪圖軟體裡，最重要的功能就是圖層面板功能。圖層面板可以在不同的圖層裡進行單物件的編輯，並且在不破壞原始圖像的情況下進行設計、同時修改和刪除圖層裡面的物件。

文字編輯功能

可以在圖像中增加文字內容，並對文字進行編輯與排版，例如：對海報中的標題、副標題、以及文字內容進行編輯。

濾鏡選項功能

Photoshop 提供了大量的濾鏡和特效，可以應用於圖像處理特效，例如常用的濾鏡功能有圖像高斯模糊效果、圖像銳化效果、藝術風格……等，可以利用各種濾鏡創造不同的視覺效果。

圖像影像合成

Photoshop 最強大的功能就是影像合成，物件去背可以使用智能選取功能或者是筆型工具的去背方式，再利用圖層面板中的圖層功能進行分類，可以將多個圖像合成在同一個畫面，創作出非常動人且複雜的合成圖像設計。

照片圖像色彩調色與照片圖像校正編輯製作

Photoshop 具有強大的色彩校正功能，可幫助您調整圖像的色彩色調、色彩飽和度、亮度及對比度，讓使用者可以依照視覺上所需要的效果進行編輯。

支援多種圖像文件格式

Photoshop 支援多種圖像文件格式，包括 JPEG、PNG、GIF、TIF、PSD（Photoshop 專用格式）……等。

Adobe Illustrator

Adobe Illustrator 是一套專業的向量圖形設計軟體，Illustrator 使用向量圖形點、線、面，組成圖像，透過向量軟體繪製的圖像，可以任意的無限縮放圖形，且不會失去圖像品質。

常見的設計運用

Illustrator 常用於設計公司商標 logo 設計、人物插圖貼圖設計、各類的圖標設計、精緻的向量插圖和印刷品的完稿。

常見的使用工具：鋼筆工具

Illustrator 常見的功能有筆型 / 鋼筆工具，Illustrator 的鋼筆工具，可以自由繪製出向量線條和各種形狀，創造出非常複雜的曲線和輪廓外觀，並且對它們進行精細繪製。

常見的使用工具：文字工具

可以透過文字工具，編輯較多的向量文字編輯和排版工具，並且不會影響到任何的解析度進行編排，也非常方便進行修改與編輯，對於設計文宣設計、海報設計、書籍封面封底設計都非常實用。

常見的使用工具：圖層面板

軟體中的圖層面板，可以分類不同屬性單元的物件，在複雜的圖像中管理圖層中的物件和編輯向量元素。可以利用功能中的隱藏物件、鎖定物件進行編輯，並且可重新排列圖層。

色彩管理

色彩管理面板中有常用的漸層功能、提供豐富的色彩，色票功能可建立常用的顏色、漸變功能、滴管工具複製顏色、即使上色等，實現畫面的色彩需求。

形狀工具

各類的形狀工具，例如矩形、圓形、多邊形、圓角矩形等，不同的形狀可以快速的完成想要的視覺效果。

筆刷工具

筆刷功能在筆刷工具面板中，使用各種筆刷資料庫選單中的圖形樣式來增加畫面中的藝術效果，讓圖像更具有創意。

多款的輸出設定和印刷檔案格式功能，支援多種檔案格式可符合各種輸出想要的品質效果，同時具有印刷預覽和色彩管理功能，確保設計作品在印刷時保持高品質輸出。

Adobe InDesign

Adobe InDesign 是一款專業的排版設計軟體,主要用於編輯各種印刷和數字媒體編輯的軟體。

軟體在設計上的運用

InDesign 最大的功能是編輯較多頁面的刊物或電子書,在頁面設計上,可作為書籍、雜誌、型錄、小冊子、宣傳手冊、報紙及各類出版刊物的編輯工具。妥善運用這項功能將能夠輕鬆設計多頁文件檔、排列文字並進行圖像編輯。

軟體的功能運用

InDesign 提供了強大的文字編輯及排版功能,包括文字框編輯、文字製作、繞圖排文、段落樣式、字元樣式、複合文字樣式等,這些樣式建立完成之後,可以輕鬆地套用在文章中使用,統一的格式將使排版工作變得更加便捷。

圖像管理

InDesign 的圖像管理,可以將圖片置入在想要的形狀之中,並調整大小和編輯圖像,使其在印刷時仍保持高品質的效果。使用者可以藉由圖層面板管理圖層和物件,以編輯較為複雜的元素。

印刷輸出

InDesign 的印刷輸出預覽功能,可以預覽實際印刷的尺寸,並檢查設計檔案在送印前的外觀,包括顏色及印刷出血範圍。

多種檔案格式

InDesign 多樣式的檔案格式讓設計檔案可以有多種呈現方式,例如:靜態或動態的電子書、互動式 PDF 和高品質印刷。這些檔案格式還能包含超連結、影片、音樂和互動式按鈕等功能,使設計更加豐富多元。

多種平台輸出

InDesign 支援多平台輸出,可以在不同介面上觀賞作品。並支援輸出到多種不同的檔案格式,包括 PDF、印刷文件、電子書格式、EPUB 檔案格式和圖像格式。

AI 圖片生成運用

自 2022 年底以來，AI 技術取得了巨大的突破與發展，除了 OpenAI 的 ChatGPT 以外，生成式 AI 圖片的 AI 生成技術也取得了重大進展，如今的 AI 不僅能處理文字，還能生成圖片，甚至應用於 Sora 影片的 AI 生成。

設計師可以利用 AI 技術快速生成圖片，透過輸入關鍵提示詞或大致概念，就可以生成與設計相關的概念圖片。此外，AI 還能將圖片的風格轉換為另一種風格，或是合成不同元素的圖片以創造新穎的視覺較果，進而提高設計效率。

Microsoft Bing

微軟推出的 Bing AI 繪圖功能，簡單容易上手。

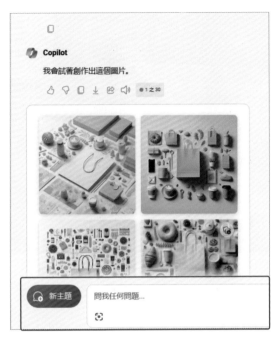

▸ 網站：https://www.microsoft.com/zh-tw/bing?form=MA13FV

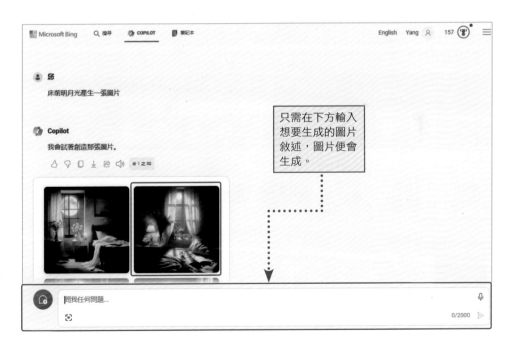

只需在下方輸入
想要生成的圖片
敘述，圖片便會
生成。

圖片生成後會產生四張圖片，點入產生的圖片圖檔，會連結到 Copilot 網站，挑選圖形並且下載圖片。

Canva AI

可以快速產生圖片設計圖檔，也可以搭配 AI 功能創造出更多主題。根據目標受眾輸入相關文字提示詞和想要設計的廣告內容，自動生成符合要求的圖片素材，使用於廣告和行銷宣傳上。也可以根據用戶的個性化需求生成定制化的設計作品，如個性化名片、商業海報、……等，增強設計作品的吸引力。

▶ 網站：https://www.canva.com/

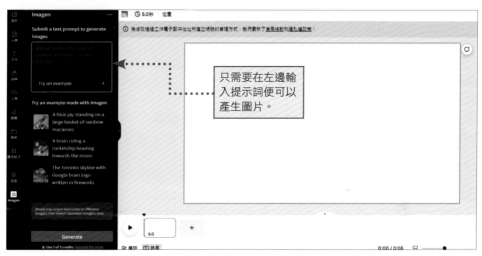

Leonardo AI

可以藉由指定風格來調整 AI 生成的細節。藝術家和設計師可以利用 AI 生成
圖片進行許多的實驗性創作，探索新的設計可能性。

▶ 網站：https://leonardo.ai/

Adobe Firefly

此款是由 Adobe 推出的 AI 生成功能，提供了多種實用功能，包括文字效果圖片生成、重新上色……等。它不僅支援中文介面，還能接受中文提示詞的輸入，是非常友善的 AI 生成功能。

▶ 網站：https://www.adobe.com/tw/products/firefly.html

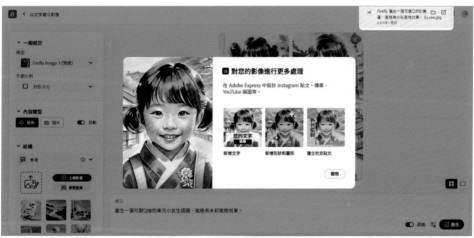

Recraft

Recraft 是一款免費的 AI 繪圖工具，可以生成簡報所使用的一些小圖示或是講師們課堂上面所使用的插圖教材，可以選擇插圖風格、尺寸、顏色。目前只能輸入英文提示詞。

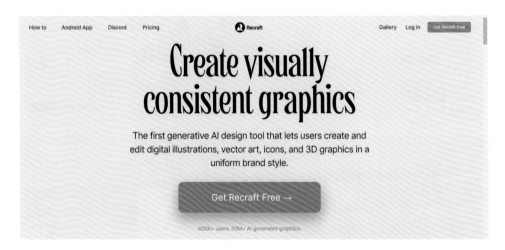

▶ 網站：https://www.recraft.ai/

Midjourney

2022 年推出的 midjourney，可以生成精緻的 AI 圖片，畫質高、快速生成多元化的風格、也可以指定圖片的微調。

▸ 網站：https://www.midjourney.com/home

Moonshot

Moonshot 目前為免費使用且不限每日算圖次數，可以在網路上輸入提示詞、指定指令來生成圖片，並透過掃描 QR code，登入 Line 官方帳號來下載圖片。

▸ 網站：https://moonshot.today/

也可以搭配 Line 官方帳號，輸入提示詞描述
想要的風格、圖片，同時進行圖形的下載。

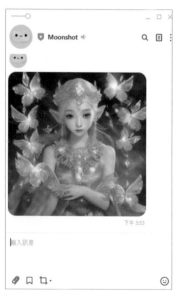

Stable diffusion

AI 生成繪圖，可以生成精緻的圖片。

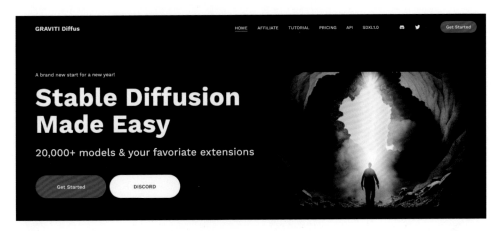

▸ 網站：https://www.diffus.graviti.com/

ChatGPT

可以生成大量文章的 AI。

▸ 網站：https://chat.openai.com/

MEMO

01

日式風格名片設計

適用：CC 2020-2024

設計概念

日式風格的名片設計，使用簡約風格的呈現編排以及簡約的色塊，製作出的日式極簡風的設計，再透過互補顏色的配色，讓畫面看起來活潑不失單調。

軟體技巧

透過 Illustrator 軟體中漸變工具的漸變效果，以及漸層工具中的任意形狀漸層創造出多變的視覺效果，再使用文字工具輸入文字。最後以名片設計印刷完稿完成製作。

檔案

第 1 章 >
» 日式名片設計 (完成品).ai
» 日式名片設計 (完成品).pdf

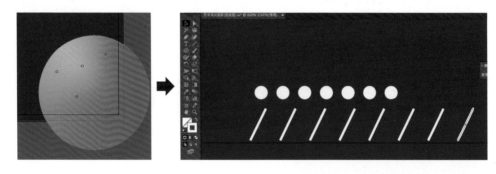

(01) 該單元最重要的使用工具，是漸層工具中的任意形狀漸層，來增加畫面中的顏色漸層。

(02) 使用漸變工具製作物件重複性的漸變效果。

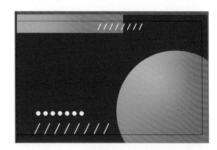

(03) 點選「文字工具」，在畫面中輸入姓名，並在「字元」面板調整字型大小以及樣式。

(04) 輸出 pdf 完稿並且印刷。

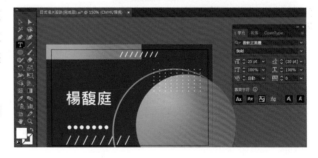

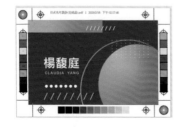

1-1 企業識別系統設計與名片設計重點概論

1-1-1 何謂 CIS 設計

CIS 為企業識別設計系統,主要目的是在提升企業形象及品牌強化識別性並增加營銷利潤,設計規劃時製作出規格化、統一化、組織化和標準化的設計,CIS 整合了公司經營理念,進而延伸促銷戰略和視覺呈現傳達設計。

爭鮮的 logo 主要由兩個部分組成:一個由紅色壽司和黑色文字交錯組成,有「爭鮮」兩字的簡潔字體。以文字加上圖像文主,帶出商品特色。

▶ 網站:https://www.sushiexpress.com.tw/ Index

台灣**萊爾富**是一家知名的便利商店連鎖品牌,萊爾富的 logo 主要由愛心的元素組成:紅色突顯了品牌的活力和時尚感。品牌名稱「萊爾富」的字體設計簡潔大方,字型工整,每個字元之間的間距均勻,使得整個字體看起來平衡。

▶ 網站:https://www.hilife.com.tw/

迪卡儂(Decathlon)是一家知名的運動用品零售品牌,logo 主要由兩個部分組成:左半邊是以圖形方式呈現,右半邊以公司英文名稱呈現,logo 設計簡約呈現運動帶來的無盡可能性和生命力。

▶ 網站:https://decathlon.tw/

IKEA 是一個知名的家居用品品牌，標誌性的 logo 設計體現了品牌對於簡約、功能性和現代風格的追求，以及其瑞典根源的文化背景。

▶ 網站：https://www.ikea.com.tw/

IKEA 的 logo 主要由四個大寫字母組成：I、K、E、A。這些字母以簡潔的線條和方塊形狀組成，字體設計極其簡約，沒有多餘的裝飾，展現出品牌對於簡約風格的堅持和追求。

巨匠電腦 logo 使用英文字 G 為主，企業標準顏色為紅色色系，表現熱情有活力的感覺。

▶ 網站：https://www.pcschool.com.tw/

可口可樂的 logo 是一個廣為人知的全球品牌標誌，可口可樂的 logo 使用流暢字體，具有流暢感、典雅的曲線，給人一種親切、溫暖的感覺。標準顏色是紅色，非常鮮明和引人注目的顏色。紅色在許多文化中都象徵著活力、熱情和歡樂，與可口可樂品牌的形象相同。

▶ 網站：https://www.coca-cola.com/tw

台灣巨匠美語是英語教育機構，其 logo 設計風格：使用原品牌 G 的英文字為主，使用不同顏色延伸集團的品牌風格，企業的標準顏色使用紫色來區隔。

▶ 網站：https://www.soeasyedu.com.tw

1-1-2 CIS 企業識別組成以及系統設計

1-1-3 CIS 角色扮演

透過視覺傳達出企業的企業形象與經營理念，CIS 除了本身品牌的商標設計以外，同時也延伸很多相關的商品設計事物應用系統設計、運用在企業理念裡。常見的事務用品有識別證、名片設計、文具用品，以及公關禮贈品包含了馬克杯、月曆、明信片……等。

1-1-4 Logo 創意發想

在設計 logo 之前，可以透過與客戶的訪談，或是依照產業類別、公司特性、在地文化特色……等和公司相關的資料，來執行創意發想。

設計師透過腦力激盪的方式延伸出 logo 設計，創意激盪的過程裡也可以使用軟體來去做創意發想，例如設計師使用心智圖軟體將設計需要放入的元素、透過心智圖聯想的內容……等製作成視覺圖像，讓腦海中的想法可以具象化，並且有系統化的顯示出來。

01 心智圖軟體網站，下載連結路徑：https://www.xmind.net/。

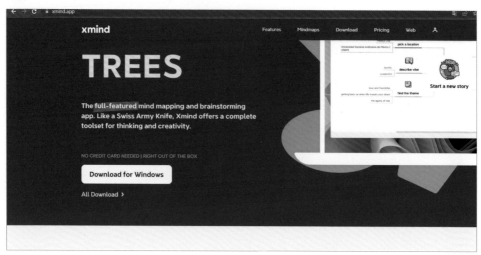

02 點選左邊免費下載按鈕來下載免費軟體，安裝完畢後，即可開始執行創意發想。

1-1-5　名片設計的重要性與重點

平面設計中的名片設計是一個重要的視覺識別設計之一，它可以在工作職業和社交場合中幫助您和客戶建立聯繫，並且傳遞個人以及公司訊息。

1. 設計名片需要注意的有品牌一致性，名片的設計同時與企業的品牌一致性。

2. 使用企業中的品牌標準顏色、企業的標準字體和企業商標設計。

3. 名片中所傳達的訊息包含了，包括您的名字、職稱、公司名稱、聯絡方式、電話號碼、電子郵件地址和公司網站、社群行銷相關的連結。

4. 注意避免過多的訊息，以免名片在編排的時候過於擁擠。

5. 名片設計中的字體可以選擇選易讀的字體，確保文字在編排畫面裡面的呈現清晰、易讀。

6. 編排需要注意畫面中的簡潔佈局，但也需要避免過多的空白或過於擁擠的設計，設計的同時可以使用軟體中的參考線，以確保文字和圖像在設計畫面中對齊。

7. 在設計畫面中增加合適的圖像，可以在公司名片上放上您的照片或公司商標。依照不同的行業類別來設計名片，例如房仲業者會在自己的名片上面放上自己的大頭照或形象照，以提高名片的識別度。設計的同時需要注意使用高解析度的圖像，以確保它們在印刷時保持清晰。

8. 平面設計中的顏色選擇非常重要，以名片設計來說，選擇與您的企業形象品牌一致性顏色，有助於建立品牌的關聯性與視覺的一致性。

9. 由於螢幕上的顏色和印刷的成品會有
   些許色偏的狀況，此時就必須拿出色
   票來做核對。

10. 印刷品的紙質選擇，可以增加名片的
    質感和效果，可經由特殊的加工方
    式，例如燙金燙銀效果、局部上光、
    霧面材質、凹版凸版、磨砂效果等提
    高視覺吸引力。

1-2 | 日式風格名片設計

日式風格的名片設計常見的設計風格與細節，簡約風格、局部細緻描繪和視
覺上的平衡感。首先是顏色的選擇，日系風格常見的有淡雅的色彩或是彩度
較低的顏色，如淺藍、淺綠、米色或莫蘭迪色、低調奢華的低飽和度顏色，
這些呈現出來的色彩，可以傳達寧靜和諧的氛圍。

日系風格的字體選擇，常見的有簡潔的字體，例如較為規矩的黑體、或是有
生命感的書法字體、典雅的新細明體，字體在設計的時候應易於閱讀，不適
合過度花俏。

版面上的圖案，可擺上日本的國花櫻花、或者是日本傳統圖案竹子、梅花或
鯉魚旗。圖案可以用於背景，營造出日本風格的象徵。

在版面設計部分保持版面的簡約為主，印刷的紙質選擇，選擇高質量的紙張，以增加名片的質感和觸感，可以利用紙張來營造出不一樣的設計層次感。

設計的同時也保持適當的留白，讓版面能夠呼吸不要過於擁擠。

本單元中利用 Illustrator 軟體，透過幾何圖形功能和漸層工具，繪製出名片設計。在畫面中使用了漸層工具繪製底色，以及漸變功能產生圓形的圖樣漸變。以簡約風的方式編排整體視覺效果。

1-2-1 新增一個名片尺寸

01 新增一個名片的尺寸，點選「檔案 > 新增」、「列印」設定尺寸「寬度 90mm、高度 54mm、出血 3mm、色彩模式：CMYK、點陣特效 300ppi」，最後按下「建立」按鈕。

02 點選工具列中的「矩形工具」，在「填色」的地方點兩下重新填色。

03 色彩顏色「C：100%、M：100%、Y：40%、K：1%」，顏色參數輸入完畢之後按下「確定」按鈕。

04 繪製的矩形色塊範圍必須貼齊紅色出血處。

05 接著將畫面中的矩形色塊上鎖，點選「選取工具」再點選畫面中的矩形色塊，再選「物件 > 鎖定 > 選取範圍」。

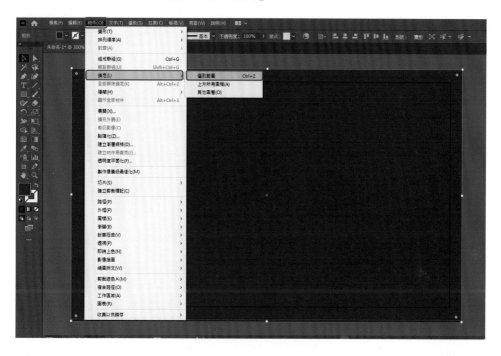

06 點選「橢圓形工具」，對著畫面長按「Shift 鍵」，繪製一個正圓形，並且點選「漸層工具」在工具上面點兩下，在「填色」的位置重新填色。

07 在右側的「進階」面板中展開「漸層」面板的功能，點選任意形狀漸層的選項，在「繪製」的地方點選「點」。

08 在圓形上面增加「節點」，並且在工具列中的「填色」功能重新填色，將畫面中的橢圓形修改為橘色的顏色，畫面中的橘色有深色以及淺色的變化，讓球看起來比較立體。

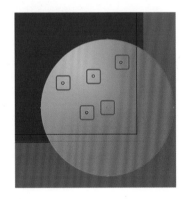

09 點選「矩形工具」繪製一個矩形色塊，在漸層的地方重新填漸層顏色。

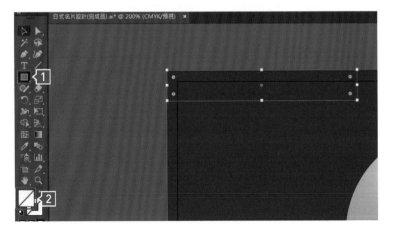

10 回到「選取工具」並點選繪製好的矩形色塊,再點選「滴管工具」點選橢圓形上的漸層顏色。

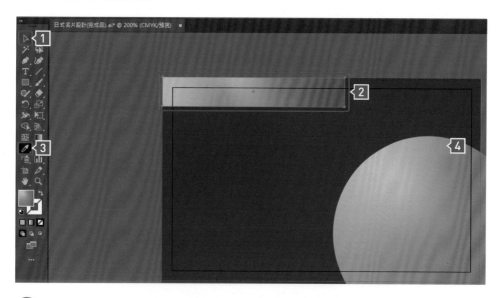

11 顏色複製完畢之後,再點選矩形色塊上面的節點,並且在工具列中的「填色」重新填色。

1-2-2 製作漸變色塊的圓形

01 ▶ 點選「橢圓形工具」並長按「Shift 鍵」，繪製一個正圓形，繪製完畢之後再回到「選取工具」重新填色，顏色為白色。

1-2-3 漸變製作

01 ▶ 點選「選取工具」並點選畫面中的圓形，長按「Alt 鍵」拖曳複製，同時長按「Shift 鍵」，就可以強制垂直水平移動。

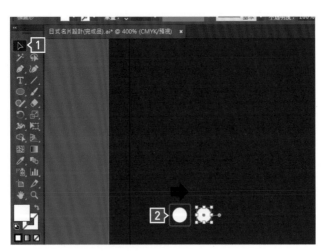

02　接下來重複按壓複製變形的快捷鍵「Ctrl+D」。

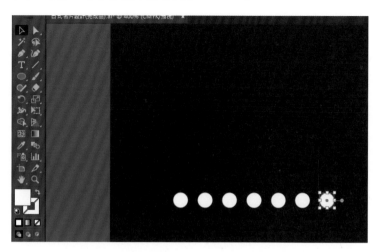

03　複製變形完畢之後，再框選畫面中全部的圓形圖案，按下滑鼠右鍵，點選「群組」，將複製變形的圓形群組。

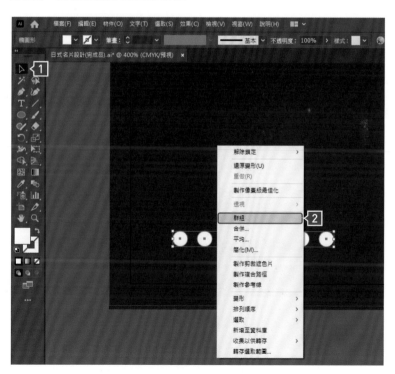

1-2-4 繪製斜線條

01 點選工具列中的「線段工具」，繪製斜線調並且重新填色為「白色」。

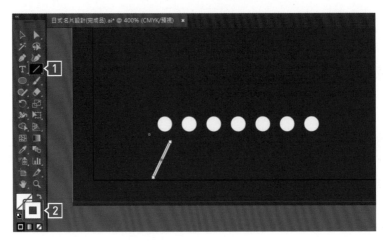

02 點選「選取工具」並點選線條並長按「Alt 鍵」進行拖曳複製，同時再按「Shift 鍵」可強制水平移動。

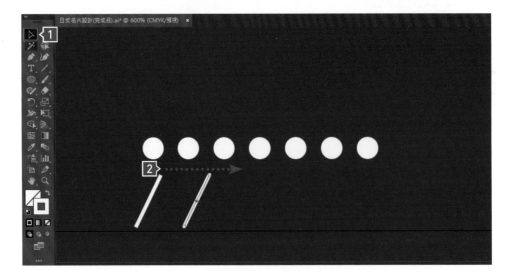

03 ▶ 再按下快捷鍵「Ctrl+D」，複製變形移動。

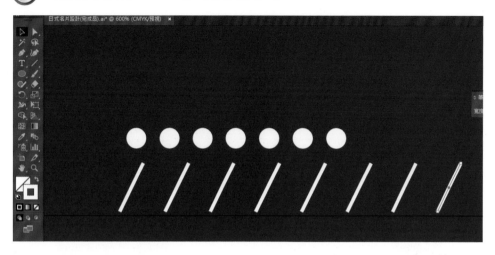

04 ▶ 使用「選取工具」框選畫面中的線條，按下滑鼠右鍵，點選「群組」。

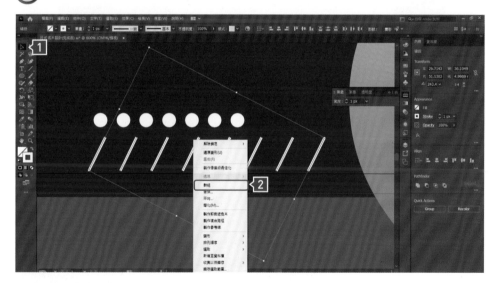

1-2-5 畫面中的線條等比縮放

01 將畫面中的線條等比縮放，點選「編輯 > 偏好設定 > 一般」。

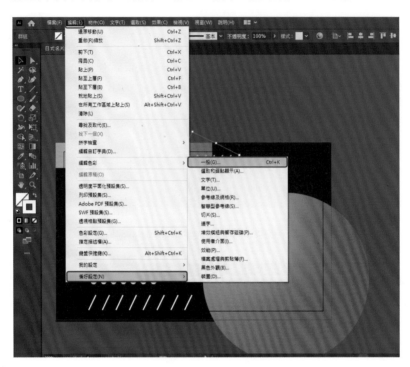

02 開啟「偏好設定」面板，將「一般」頁籤中的「縮放筆畫和效果」選項打勾，調整完畢之後再按一下「確定」按鈕，之後再做線條的縮放，線條就會同時等比調整大小。

完成品

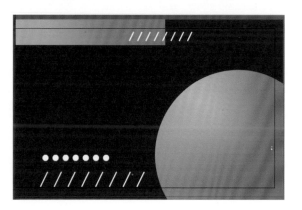

1-2-6 製作較小的圓形漸變

01 點選「橢圓形工具」並長按「Shift 鍵」，繪製一個正圓型，選擇顏色為「白色」。

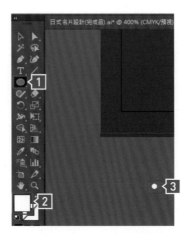

02 點選「選取工具」並點選圓形，長按「Alt 鍵」拖曳複製，同時再按「Shift 鍵」往右強制水平移動。

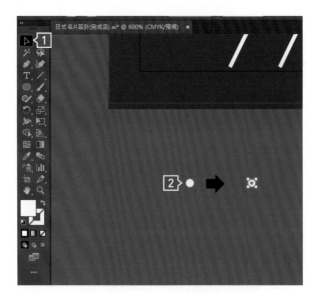

03 複製完畢之後，按下快捷鍵「Ctrl+D」向右複製移動圓圈。

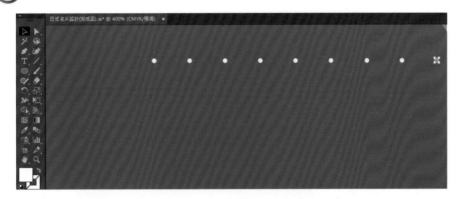

04 使用「點選工具」框選畫面中的圓圈，按下快捷鍵「Ctrl+G」群組物件。

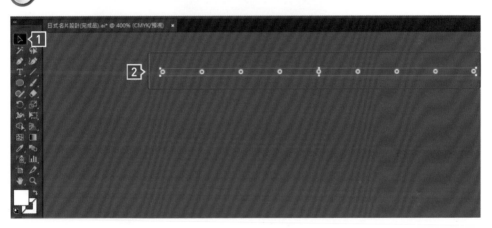

05 點選「選取工具」並點選群組的圓形，長按「Alt 鍵」向下拖曳複製，同時再長按「Shift 鍵」。

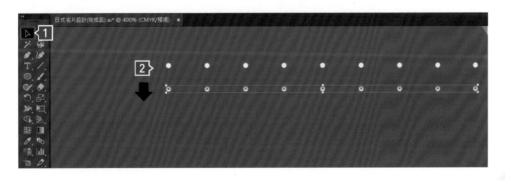

按下快捷鍵「Ctrl+D」，向下複製移動。

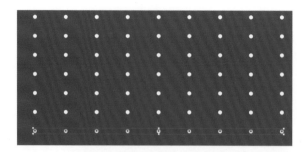

完成品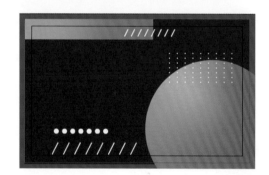

1-2-7 橢圓漸層顏色線條

 點選「橢圓形工具」使用「筆畫」線條上色。

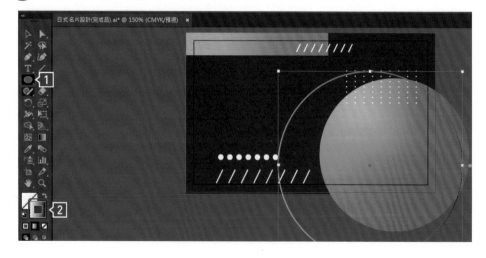

02 點選「漸層工具」，並在工具上面連續點兩下，在右側「進階」面板展開「漸層」面板，接著點選漸層滑桿。

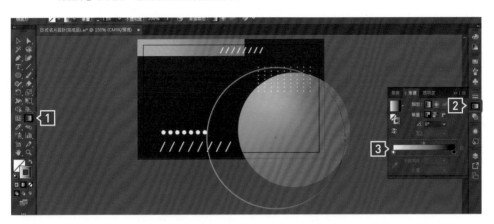

03 第一次上色會是灰階的顏色，在「漸層」面板右上角的「選項」點一下，將「灰階」變成「CMYK」的顏色。

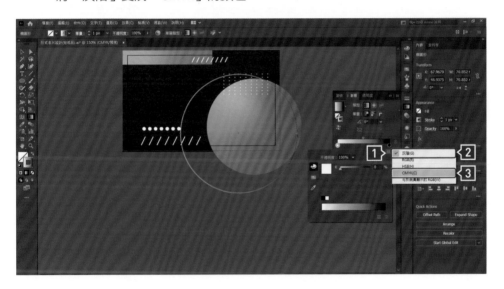

04 接下來修改畫面中的顏色,在左邊的顏料上面點兩下,面板下方會跳出的顏色面板,將 CMYK 設定為橘色:「C:20%、M:40%、Y:85%、K:15%」。

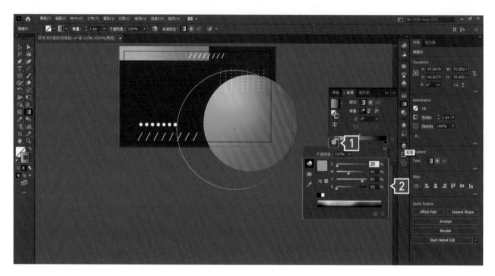

05 接著對另外一邊的顏色進行修改,在「漸層」面板中的右邊的顏料上面點兩下。

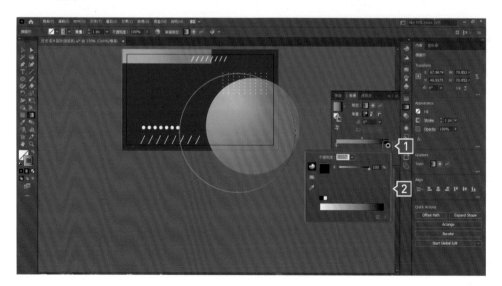

06 再點選「選項」，將「灰階」顏色變成「CMYK」顏色。

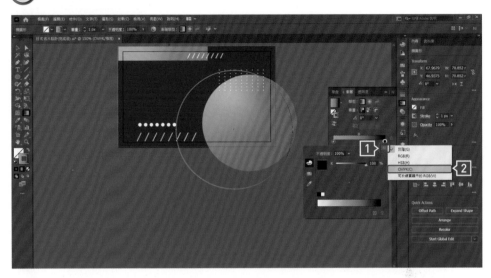

07 在顏色面板中設定 CMYK 的參數為：「C：40%、M：80%、Y：100%、K：0%」。

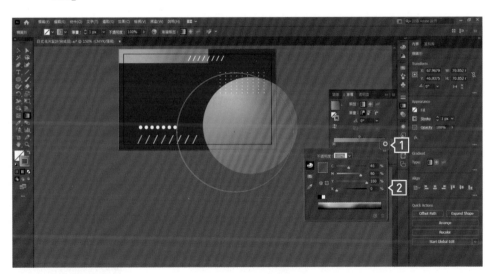

08 點選「漸層」面板中的「漸層類型選線性漸層」。

09 在右側的「線條」面板調整線條「寬度為 2 px」。

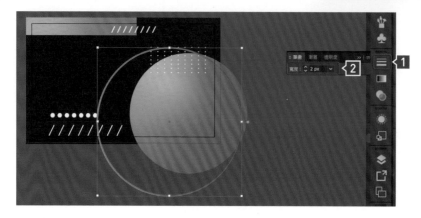

10 點選「選取工具」並點選「群組」的圓圈,按下滑鼠右鍵,選取「排列順序 > 移至最前」將圓圈都移到畫面的最上層。

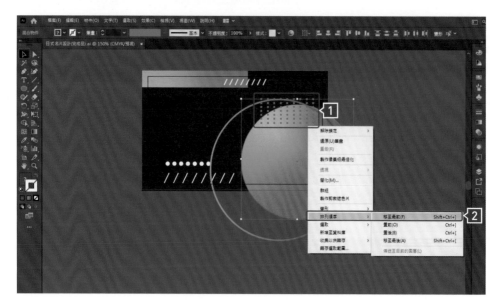

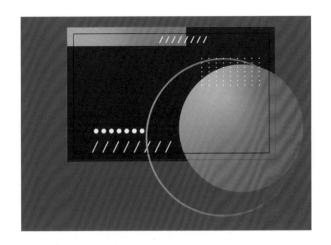

完成品

1-2-8 輸入文字

(01) 點選「文字工具」並在畫面點一下輸入中文字。再點選「視窗 > 文字 > 字元」開啟「字元」面板，設定相關參數：「字型：微軟正黑體、樣式：Bold、字體大小：25 pt、字元距離：0」。

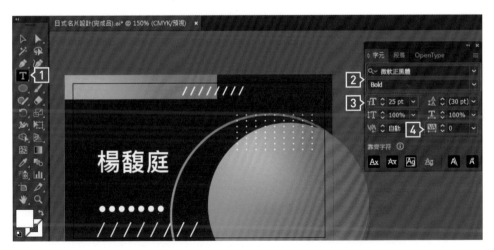

(02) 點選「文字工具」並在畫面點一下，輸入英文字。接著，在「字元」面板設定相關參數：「字型：Arial、樣式：Regular、字體大小：7 pt、字元距離：200」。

03 ▶ 將文字建立外框，以避免字型跳掉，點選「選取工具」並點選畫面中的文字，按下滑鼠右鍵，點選「建立外框」。

1-2-9 儲存 PDF 格式

01 將名片檔儲存 PDF 格式，可以將名片送到印刷廠印刷，點選「檔案 > 另存新檔」，存檔類型選擇「Adobe PDF」，按下「存檔」。

02 在「轉存 Adobe PDF」面板的「一般」頁籤中，在 Adobe PDF 預設選項中選擇「〔印刷品質〕」。

03 接著選擇「標記與出血」頁籤,勾選「所有印表機的標記」、「使用文件出血設定」,按下「儲存」。

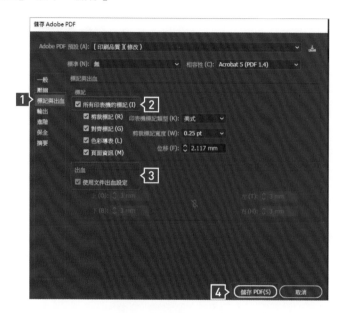

完成品

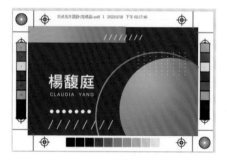

02

電商廣告 Banner 設計

適用：CC 2020-2024

💡 設計概念

本款設計是一款草莓藍莓蛋糕的廣告 Banner，為了給人可口好吃的視覺效果，會使用粉紅色帶來甜美浪漫的感受。在整體視覺動線上，左邊放置白色文字，搭配粉紅色系的底色及按鈕，創造出協調的視覺感受，同時增加立即搶購的按鈕選項與活動時間，以清楚的傳達消費訊息。

🔍 軟體技巧

本單元的重點是透過 Photoshop 處理照片，將處理好的照片置入到 Illustrator 軟體編輯與完稿。過程中使用了剪裁遮色片以及照片中增加筆畫效果、加上陰影製作，即時上色填入顏色、物件變形功能中的漸變方式製作同心圓的效果。

📋 檔案

第 2 章 >

» 01 (1).jpg
» 01 (2).jpg
» 1920x1080(完稿).ai
» 1920x1080(完稿).jpg
» ok.psd
» 廣告 banner 完成 1200x628.ai
» 廣告 banner 完成 1200x628.jpg

設計流程

01 首先在 Photoshop 軟體裡調整照片的顏色進行編輯。

02 在 Illustrator 軟體製作背景底色以及同心圓的即時上色，填入顏色。

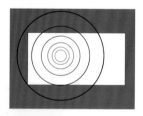

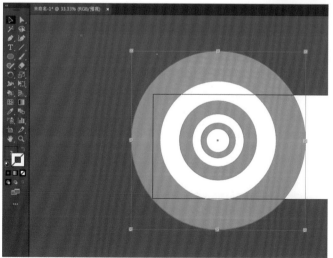

03 製作剪裁遮色片，利
用「鋼筆工具」描邊
圖片範圍。

04 製作陰影效果，讓畫
面中的圖片看起來更
立體。

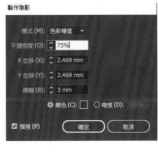

05 製作混合模式將混合
模式調整暗化效果、
不透明度調降參數，
讓畫面中的圖形看起
來有半透明的感覺。

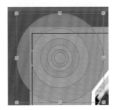

06 儲存網頁圖形輸出作品。

2-1 | 色彩運用概論

2-1-1 常見的色彩搭配

色彩學的搭配，起源於著名的色彩學大師約翰斯·伊登的伊登色相環，

伊登色相環是由正中間三角形為主（即三原色：紅、黃、藍）。

簡單舉例：黃色 + 紅色為橘色、紅色 + 藍色為紫色、藍色 + 黃色為綠色，搭配產生側邊的三角形，將中央的圖形，組成一個六邊形。外接的圓環分成 12 等分，圓環交接處為六邊形。

▸ 網站：https://zh.wikipedia.org/wiki/%E8%89%B2%E7%92%B0

2-1-2 類比色

利用色環鄰近顏色配色，以色環角度約 36 度以內的顏色搭配，適合產生的視覺效果為低對比度的協調感。

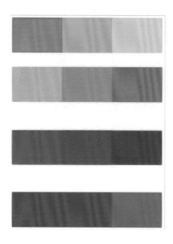
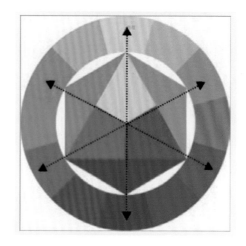

2-1-3 互補色

色環中 180 度相對位置上的兩種色彩，在視覺上呈現較為活潑、有活力的配色效果，可以產生最大對比度的視覺衝突感。用於設計、藝術和攝影……等，以創造出鮮明對比的震撼效果，色彩關係是相對明顯的、引人注目的設計配色。

■ 常見的互補色

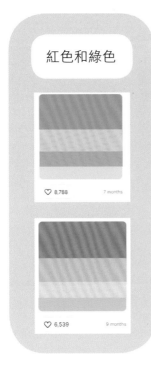

紅色和綠色

紫色和黃色

藍色和黃色

藍色和橙色

青色和紅橙色

▶ 網站：https://colorhunt.co/palettes/retro

2-1-4　單色配色

除了上述兩種方式,也可以利用單一顏色,來改變色彩的暗部、中間、亮部的數值變化,可得到濃淡的色彩變化效果。

2-1-5　色彩學

色彩學常應用於設計與藝術心理學……等領域,世界上之所以有顏色,是因為光線的作用。當光線進入我們的眼睛,經過視網膜上的感光細胞轉化,最終在視覺神經系統中產生對色彩的感知。

色彩三原色

在色彩學中,色彩三原色是指紅色(R)、綠色(G)和藍色(B),也就是色光,又稱為加法混色。

印刷四色 CMYK

青色（C）、洋紅色（M）、黃色（Y）、黑色（K）用於印刷，在色彩學裡面稱為減法混色，印刷都是以色料為主。

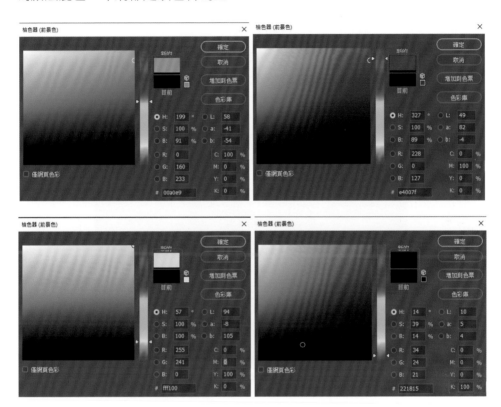

HSV 模型指的是色相（H）、飽和度（S）、明度（B）。

色彩三屬性為色相、飽和度和明度

色相指的是顏色的名稱種類，飽和度描述了色彩的純度和鮮艷度，明度則表示色彩的明暗程度。

色彩心理學是一門研究色彩對人類的情感和心理狀態影響的學科。由於不同的色彩可以引起人們不同的情感和情緒反應，色彩心理學往往被應用在設計過程中，以達到不同的行銷效果。

暖色調

暖色調是指那些在色彩光譜中偏向紅色、橙色和黃色的顏色。在色彩心理學中這些顏色會給人一種溫暖、舒適、活潑的感覺。

註：
日本傳統色圖片皆來自網站 https://nipponcolors.com/

■ 常見的暖色調

紅色：紅色是最常見到的暖色調，紅色算是前進色，給人有活力熱情衝動的感覺。

橙色：橙色是紅色和黃色的混合而成的顏色，常給人有活力、動感、快樂和希望的感覺。

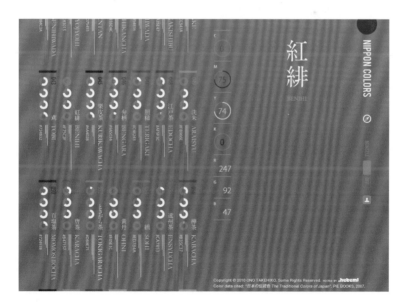

黃色：黃色是快樂的象徵。色彩學裡面明度最高的顏色，它代表了希望、快樂、聰明和溫暖。

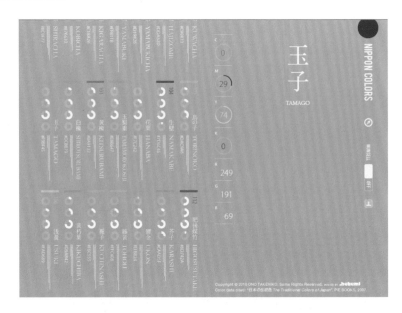

粉紅色：粉紅色是較淺的紅色顏色，通常代表可愛、浪漫、柔和以及幸福。

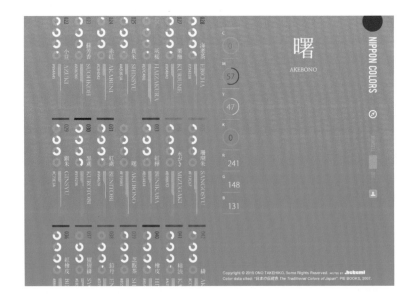

桃紅色：桃紅色介於粉紅色和橙色之間，它通常代表亮眼、活潑、開朗。

棕色：棕色是一種比較溫和且中性的暖色調，通常代表自然和可靠、親近且沒有壓力的感覺。

冷色調

冷色調是指那些在色彩光譜中偏向藍色。這類顏色通常給人一種清爽、涼感、冷靜、清新的感覺。

冷色調在設計、藝術裡，可以用來創造冷靜的氛圍，常用於舒緩情緒、降低焦慮不安感。

■ 常見的冷色調

藍色：藍色是最標準的冷色，它通常與冷靜、專業、信任、穩重和冷靜的感覺。

■ 中間色調

中間色調則是平衡暖色和冷色之間的顏色，具有和諧和平衡情感的視覺效果。

綠色：綠色代表大自然，它代表了健康和活力。明亮的綠色會讓人感到清新，深綠色則會讓人感到安定。

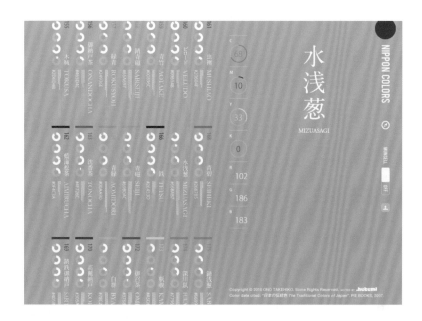

紫色：紫色是藍色和紅色的混合，代表著神祕、奢華、高貴、尊貴的感覺。

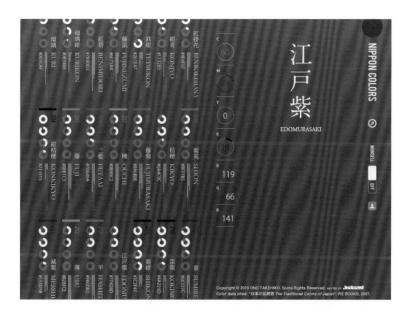

淺紫色：淺紫色有柔和、浪漫和夢幻感覺。

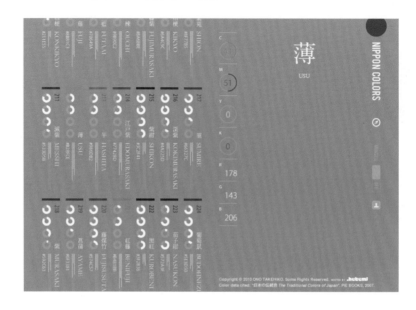

色票網站推薦

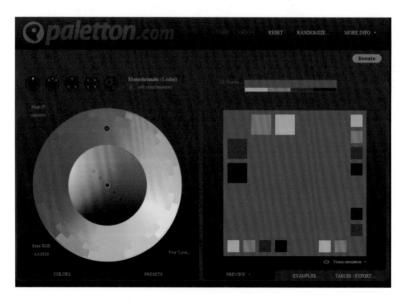

▶ Paletton 網站：https://paletton.com

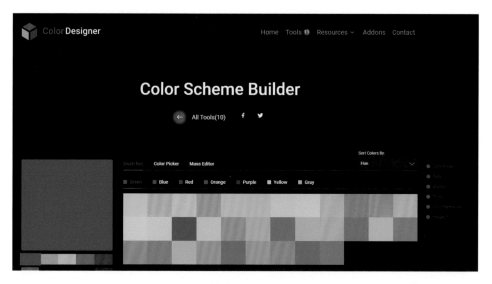

▸ Color desgner 網站：https://colordesigner.io/

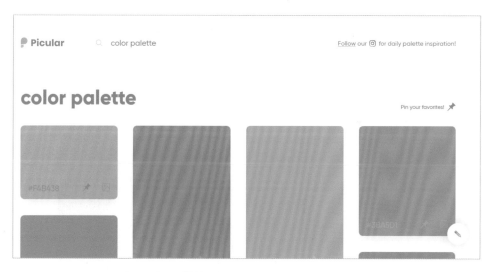

▸ Color palette 網站：https://picular.co/color%20palette

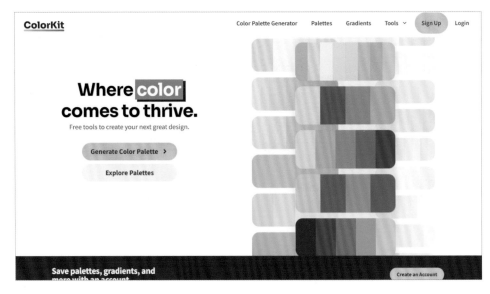

▸ Colorkit 網站：https://colorkit.co/

日系風格為主的配色網站

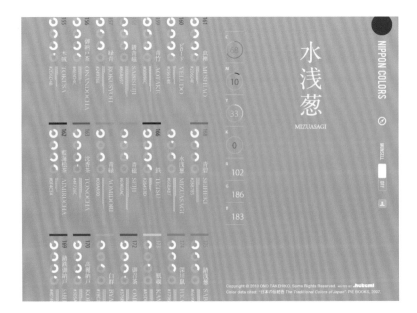

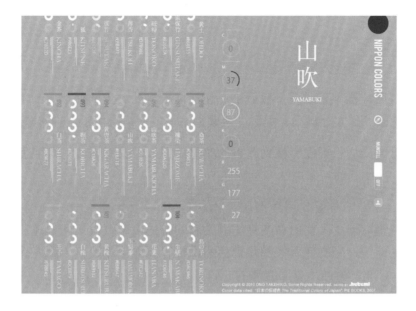

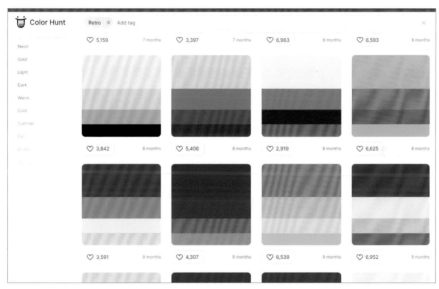

▶ Color Hunt 網站：https://colorhunt.co/palettes/retro

品牌識別配色可提升品牌的識別度，例如，可口可樂的紅色和白色商標設計的配色，簡單又讓人印象深刻，考慮文化和地域不同，某些顏色在不同文化中具有不同的意義。用色的層次感運用在主要的設計元素時，可以使用較明亮或突出的顏色，而次要的設計元素則可以使用較柔和或中性的色彩。

2-2 網站設計概論

網頁設計與社群行銷涵蓋多種網站，包括個人網站、企業網站、部落格、電子商務網站、各大社群平臺經營、新聞網站……等不同種類型的網站。

網頁設計的風格，不僅影響到網頁的整體外觀以及視覺風格，還關係到網站的功能性、便利性、易用性、互動性。

在設計過程中，考量的用戶體驗（User Experience，簡稱 UX）是至關重要的，用戶體驗涉及了使用者在造訪網站時的舒適度、以及如何快速找到想要使用的功能。良好的使用者體驗包括易用性、頁面下載速度、到達想要的頁面速度、清晰的導航、畫面整體的一致性。

網頁設計中的響應式設計（Responsive Design），指的是在不同設備、不同螢幕尺寸和不同設備需求的情況下，確保網站在桌上型電腦、平板電腦和手機等設備上，都能正確顯示和操作。

網頁的視覺設計需要了解的是整體畫面的呈現是否美觀，這包含了畫面中所使用的顏色、圖形和字體運用創造出來的版面效果，是否能吸引吸引用戶，並提供品牌識別性。

也需要特別注意的是優化性能，其中包括了頁面下載速度、圖片如何壓縮。

在設計網路廣告時，需要考慮如何吸引目標受眾、有效傳達廣告訊息以及提高品牌識別度，這對於達成行銷目的至關重要。

2-2-1 廣告 Banner 設計重點

明確廣告的目標，使用明確的標題呼籲，鼓勵消費者採取行動，也可以在畫面中增加按鈕選項、訂閱通知或點擊連結。

簡潔乾淨的畫面、吸引觀眾的注意力

網路廣告需要保持畫面的簡潔，因為呈現的畫面不大，避免過多的文字和圖像內容，確保整體版面的清晰度。

使用高質量的圖像和圖形，並確保網路廣告設計與品牌形象一致。

■ 吳寶春麵包

品牌形象廣告商品的廣告 banner

▶ 甜點蛋糕類的廣告 banner 設計，網站：https://www.wupaochun.com/

提高品牌識別度

網路廣告設計是否與品牌一致性，使用企業中的品牌標準顏色、公司商標和標準字體以提高識別度、畫面中可以放置品牌商標，顯示在廣告的適當的位置，但需要注意的是不要佔據整個廣告畫面。

明確的訊息標語和副標

廣告文案中的標語和副標，直接且清晰傳達，建議可以使用簡短的用語。

▶ 巨匠電腦的廣告 banner 設計，網站：https://www.abconline.com.tw/

字體易讀性

畫面中避免使用過於花俏的字體、確保字體的級數大小，確保可以透過不同的設備上清晰閱讀，適當的留白可以讓畫面看起來有呼吸的空間，避免過度擁擠。

▶ 星巴克的廣告 banner 設計，網站：https://www.starbucks.com.tw/

色彩使用

網路廣告設計中色彩佔很重要的比例,選擇適合品牌和產品的顏色,確保在網路上呈現出良好的視覺效果,建議參考色彩心理學來考量不同顏色對消費者的情感影響。

▶ 網站:https://www.tokiya.com.tw/

動畫製作

適當的動畫效果可以提升互動性、可以將檔案製作成會動的逐格動畫，例如 GIF 檔案。

A/B 測試和優化

網路廣告廣告上架之前，可以進行 A/B 測試來比較不同版本的廣告，找出最有效的設計元素，透過測試以確保它在不同設備和瀏覽器上都可以完整呈現。

著作權

網路廣告設計需要遵守法律法規，確保使用的圖片不會侵犯版權、商標權或其他法律問題。

2-3 │ 電商廣告 Banner 設計重點

2-3-1 網頁發展與風格

隨著網站技術的發展、業主對於網站設計的個性化需求，設計師在設計時會呈現許多設計風格，通常會互相混搭以下多種風格。

2-3-2 單欄式版型網頁設計

近年來的網頁設計使用了 CSS3 與 jQuery 的結合技術，單頁式網站版型設計近幾年頗為流行，此款編排設計較為簡易且清楚，讓使用者方便快速的瀏覽網頁同時，也讓使用者在瀏覽網頁具有明快的節奏感，畫面向下捲動的過程中，也可以加上動畫或網頁過場效果，讓畫面看起來更加豐富。

▶ THE BODY SHOP，網站：https://shop.thebodyshop.com.tw/

▶ 星巴克，網站：https://www.starbucks.com.tw

2-3-3 雙欄式版型

雙欄式版型將主要的內容劃分左右兩側，一側為「主要內容」，另外一側為「輔助內容」，「輔助內容」用於顯示產品相關的訊息、商品網站連結、廣告頁面⋯⋯等。

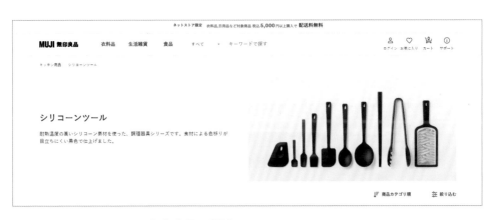

▶ 無印良品，網站：https://www.muji.com

2-3-4 格狀式版型

格狀式版型是以欄寬均等和塊狀區分的方式配置畫面，這是平面印刷常見的配置方式之一。這種設計通常將圖片以垂直或水平均分的格狀排列在畫面中，我們可以將畫面中的圖片欄位設定為同樣寬度，來簡化此類型版面的編排。

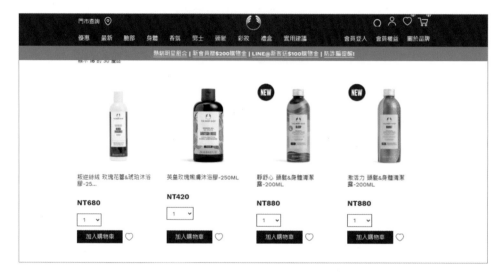

▶ THE BODY SHOP，網站：https://shop.thebodyshop.com.tw/

▶ 雄獅旅行社，網站：https://www.liontravel.com/

▶ 雄獅旅行社，網站：https://www.liontravel.com/

▶ 雄獅旅行社，網站：https://www.liontravel.com/

▶ 雄獅旅行社，網站：https://www.liontravel.com/

另外根據不同需求尚有：

- 【全螢幕網頁設計】在網站首頁中使用全螢幕的大圖作為網站的主要視覺，搭配少量的文字敘述，傳達網站內容。

- 【較大型字體網頁設計與運用】網頁設計除了在設計常使用的標準字體以外，也可以使用自己創造的字體，增添網站獨特性。

▶ yoxi，網站：https://www.yoxi.app/

▶ yoxi，網站：https://www.yoxi.app/

2-3-5 扁平化使用者介面設計

蘋果 Apple 將擬真化使用者介面設計轉為扁平化使用者介面設計之後，扁平化使用者介面設計開始大量出現在各種 UI 圖示設計裡，同時也影響網站視覺設計。扁平化使用者介面設計是捨棄設計元素上的額外效果，例如過多陰影、過度立體浮凸、過量的光暈等，讓視覺傳達畫面，大量運用色塊設計，使用極簡的方式呈現。網頁設計構成版面的區塊包含有，頁首、頁尾、導覽列、內容區塊⋯⋯等。

▶ THE BODY SHOP，網站：https://shop.thebodyshop.com.tw/

▶ 網站：https://www.eztravel.com.tw/

▶ 網站：https://www.eztravel.com.tw/

▶ 網站：https://www.chanel.com/tw/high-jewelry/

▶ 網站：https://www.starbucks.com.tw

2-4 │ 蛋糕廣告品牌設計

2-4-1 開啟 Photoshop 軟體圖檔

01 首先，我們先處理影像調色。開啟 Photoshop 軟體，選擇「檔案 > 開啟舊檔」，打開素材資料夾中的「01 (1).JPG」圖檔。

02 開啟「視窗 > 調整」面板，再點選「亮度 / 對比」的功能，調整照片的亮度。

03 在「內容」面板中調整參數：「亮度 39、對比度 38」，加強照片的反差與亮度效果。

04 在「調整」面板中增加一個「曲線」效果，圖層中就會多了一個「曲線」的圖層。

05 在「圖層」面板中的「曲線」的圖層縮圖上，點兩下進入編輯。

06 在「內容」面板中調整照片中的反差，在線條上增加節點。將節點往上移動節點，會使照片變亮；將節點往下移動，照片顏色則會變深。

07 點選「檔案 > 另存新檔」，儲存格式點選「JPEG」。將檔案儲存之後，開啟 Illustrator 軟體進行完稿編輯。

2-4-2 在 Illustrator 開啟一個廣告 Banner 的空白尺寸

(01) 點選「檔案 > 新增 > 網頁」，點選「自訂」，「寬度：1200 像素、高度：628 像素，色彩模式：RGB、點陣特效：72 ppi」，按下「建立」按鈕。

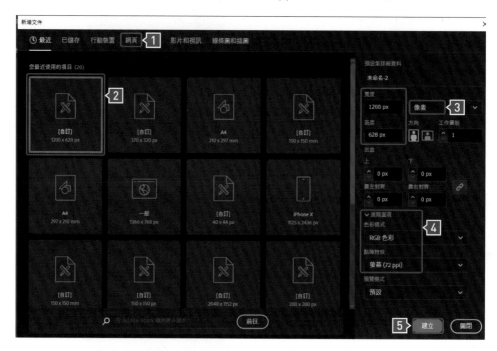

2-4-3 製作同心圓效果

(01) 在工具列面板點選「橢圓形工具」，「填色：不填顏色、筆畫顏色使用黑色」。

02 調整畫面中的單位，點選「編輯 > 偏好設定 > 單位」，將「單位」設定為
「公釐」，接著按下「確定」按鈕。

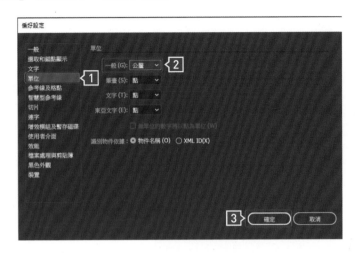

03 點選「橢圓形工具」並對著空白的工作區域畫面點一下，設定「寬度：
50mm、高度：50mm」，按下「確定」按鈕。

04 橢圓尺寸設定完畢，再點選「物件 > 變形 > 個別變形」。

05 開啟「個別變形」面板在縮放「水平 150%、垂直 150%」輸入參數,輸入完畢之後按下「拷貝」,再點選「確定」按鈕。

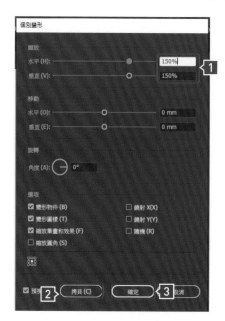

06 按下快捷鍵「Ctrl+D」,重複按壓快捷鍵產生多個圓圈圖形。

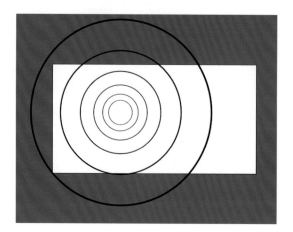

2-4-4 即時上色填入顏色

01 點選「選取工具」並框選畫面中的圓圈線條，再點選上方控制面板「物件 > 即時上色 > 製作」。

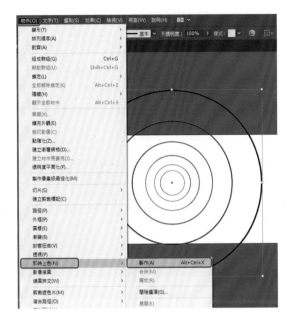

02 製作完即時上色指令之後，再點選「即時上色油漆桶工具」重新填色，將顏色倒入圓圈裡。

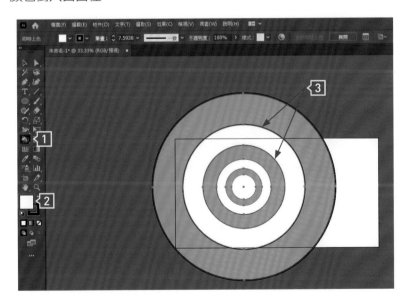

03 填色完畢之後取消筆畫顏色。

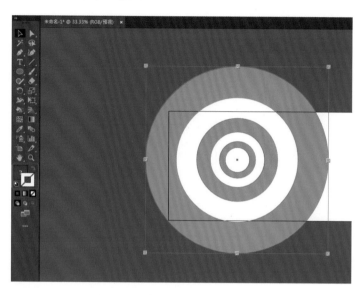

2-4-5 置入圖片素材

01 點選「檔案 > 置入」置入在 Photoshop 處理好的 JPEG 圖檔。

2-4-6 製作不規則的剪裁遮色片圖片

01 點選「鋼筆工具」，在填色的地方
選擇不填顏色，筆畫上色方式選
任意顏色。

02 以筆畫線條描繪照片邊緣，描繪
的同時線條不能斷掉。

03 線條邊緣描繪完畢之後，再回
到「選取工具」，同時框選畫面中
的筆畫線條和照片，按下滑鼠右
鍵，點選「製作剪裁遮色片」。

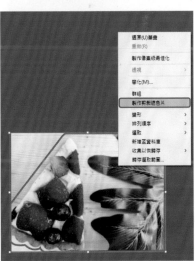

2-4-7 製作陰影效果

01 點選畫面中的圖片製作陰影效果，點選「效果 > 風格化 > 製作陰影」。

02 展開「製作陰影」面板，「模式：色彩增值、不透明度：75%、X 位移：2.469mm、Y 位移：2.469mm、模糊：3mm、顏色：粉紅色」，最後按下「確定」按鈕。

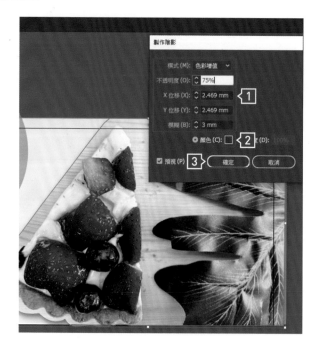

2-4-8 剪裁遮色片照片製作筆畫效果

01 在右側的「進階」面板中點選「筆畫」、展開「筆畫」面板，寬度設定為「17pt」、線條的筆畫顏色為「白色」。

完成品

2-4-9 調降即時上色的圓圈圖形不透明度

01 點選「選取工具」並點選畫面中的圓圈圖形。

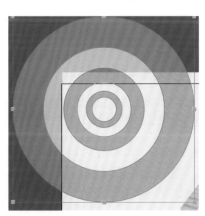

02 在「右側」面板中的「透明度」
展開「透明度」面板，調降「不
透明度：68%」、在「混合模式：
暗化」。

2-4-10 製作底色

01 點選工具列中的「矩形工具」重新填色。

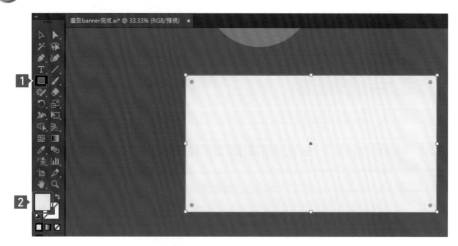

02 底色分別為粉紅色以及米黃色為主。

03 將描繪好畫面中的色塊，調整至畫面最下層，點選色塊按下滑鼠右鍵，點選「排列順序 > 移至最後」。

04 點選畫面中的圓圈，調整到畫面中，再調整「透明度」面板調降「不透明度」。

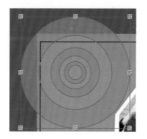

05 點選畫面中的圓圈，移動到畫面中，再調整「透明度」面板調降「不透明度 68%」、「混合模式：暗化」。

2-4-11 製作圓形圖標

01 點選「橢圓形工具」，重新填色為粉紅色，長按「Shift 鍵」繪製一個正圓形。

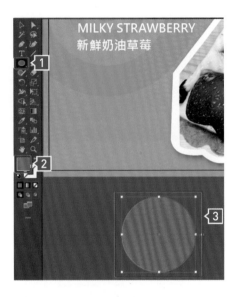

02 點選「鋼筆工具」繪製一個三角形。

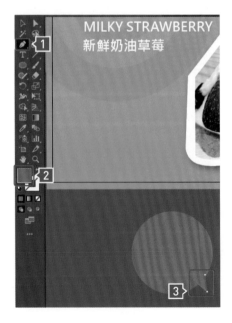

03 繪製完畢之後，再點選工具列中的「選取工具」，同時框選畫面中的圓形和三角形，按下滑鼠右鍵，點選「群組」將兩個物件群組在一起編輯。

04 點選工具列中的「矩形工具」，重新填色繪製一個長條形的長方形色塊，再點選「文字工具」畫面點一下輸入文字「立即搶購」。

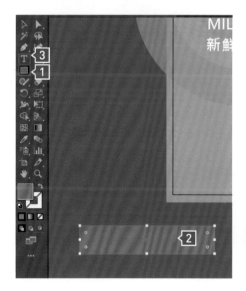

05 接著調整「立即搶購」文字的字型，點選「視窗 > 文字 > 字元」，在「字元」面板裡面調整字型樣式：「字型：微軟正黑體、字型樣式：Bold、字型大小：23 pt、字元距離：350」。

06 點選「新鮮奶油草莓」文字，在「字元」面板中調整字型樣式：「字型：微軟正黑體、字型樣式：Bold、字型大小：36.9 pt、字元距離：350」。

07 對齊畫面中的段落文字，在上方控制面板中的「段落」面板中讓段落字型「靠左對齊」。

08 點選「橢圓形工具」，重新填色為白色，長按「Shift」拖曳繪製一個正圓形。

09 繪製一條水平直線
條，讓上下的文字區
隔開來，點選「線段
工具」，重新調整筆畫
顏色為「粉紅色」，對
著畫面長按「Shift 鍵」
拖曳繪製一條水平的
直線。

10 繪製完畢之後在右側
面板的「筆畫」、調
整筆畫線條的「寬度
2pt」。

11 增加陰影效果，讓畫面中的文字看起來更立體，點選「選取工具」並點選畫面中的文字，「效果 > 風格化 > 製作陰影」。

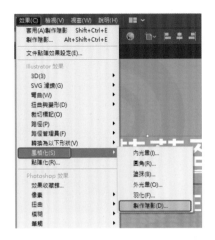

12 展開「製作陰影」面板、「模式：色彩增值、不透明度：75%、X 位移：2.469mm、Y 位移：2.469mm、模糊：3mm、顏色：較深的紅色」，調整完畢之後按下「確定」按鈕。

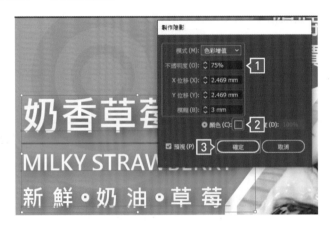

13 再利用「選取工具」點選畫面中其他的色塊，全部都要製作陰影效果。

2-4-12 轉存網頁用格式

01 將製作完成的設計稿檔案輸出上傳到網頁，點選「檔案 > 轉存 > 儲存為網頁用」。

02 點選「檔案格式 JPEG、最高品質 100%」，按一下「儲存」。

完成品

DM 三折文宣設計

適用：CC 2020-2024 Ai

設計概念

製作名古屋城的三折文宣設計、圖片的編輯以景點照片為主，介紹各景點的特色，三折型錄可以簡單地傳達當地的民俗風情以及著名景點的介紹，除了照片之外，型錄設計裡面也增加了許多插圖的繪製，讓畫面看起來活潑，在顏色上使用棕咖啡色強調穩重。

軟體技巧

使用軟體中的工作區域工具，分別設計出三折文宣型錄的正面以及背面的設計，圖片中使用剪裁遮色片，將圖形上剪裁在圓角矩形範圍裡，照片的部分使用遮色片羽化邊緣效果，再利用參考線標記三折摺邊的範圍、並且利用繞圖排文字處理較多的文字編排。

檔案

第 3 章 > 名古屋照片 >

» 日本食物 .jpg
» 白鳥 (1) .jpg 至白鳥 (5).jpg
» 合掌村 (1) .jpg 至合掌村 (18).jpg
» 名古屋 (1).jpg 至名古屋 (3).jpg
» 名古屋電台 .jpg
» 飛驒 (1) .jpg 至 飛驒 (3) .jpg
» 熱田神宮 .jpg

第 3 章 >

» 三折文宣完成品 .ai
» 三折文宣完成品 _ 正面 .jpg
» 三折文宣完成品 _ 背面 .jpg
» 日本插圖 .ai
» 名古屋介紹 .docx

01 在 Illustrator 軟體新增 A4 橫式完稿尺寸，並新增三折 DM 的參考線範圍。

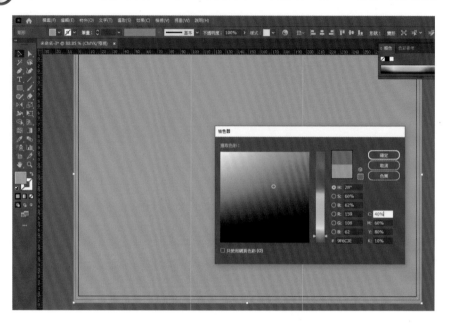

02 製作剪裁遮色片，將圖片剪裁在圓角矩形範圍裡。

點選「工作區域工具」複製正反面的工作區域範圍，進行編輯。

04 製作遮色片，將圖片邊緣羽化。

05 製作圖片繞圖排文，編輯圖片與文字。

06 文字編輯及文字溢排處理。

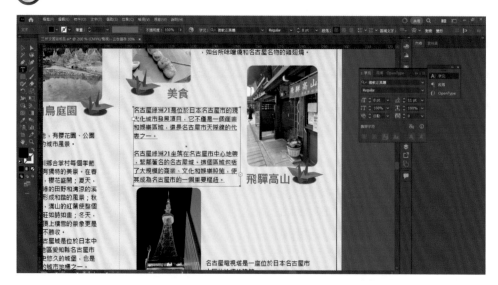

完成圖

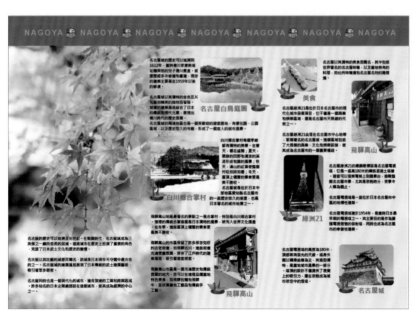

3-1 | 三折以及多折文宣設計概論

三折文宣設計是常見的印刷宣傳，通常是以三折方式折疊呈現。設計三折文宣重點有明確目標和廣告訊息內容，在執行設計之前，清楚知道文宣的受眾目標對象和行銷宣傳的目的性，並且在製作文宣同時傳達廣告內容和主要訊息，進而達到消費者在閱讀型錄，之後會想要採取下一個行動。

設計中的版面設計與畫面中的編排規劃，文宣內容注重容易理解，同時在設計封面設計時，需要思考如何設計出吸引人的封面，封面設計包含了主要標題文字、副標題文字和吸引人的商品圖片設計。

- 三折

型錄中的內容頁設計，包含了公司商品簡介介紹以及商品文字介紹訊息。三折文宣設計分為正面跟背面設計，在背面設計可以提供聯絡訊息、社交媒體平臺連結、網站相關連結以及折扣優惠活動訊息……等。

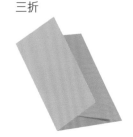

在文宣設計內添加採取行動的尋錫，例如搜尋活動網站、QR code 掃描活動訊息或是撥打訂購專線……等。

文宣設計中使用高質量的圖片照片、增加視覺吸引力。設計的同時確保圖片解析度和清晰度、文宣設計中所使用的照片和主題設計是否有關聯性，更重要的是使用的圖片是否為可商用的版權、文字版權……等，同時設計師也可以透過購買高品質的圖片執行設計。

平面設計裡需要注意的字體，是否是可商用的字體樣式。設計的時候可以使用兩種或三種字體進行搭配，增加畫面的豐富性。

採用適合主題的顏色配色讓畫面呈現保持一致性，版面中的視覺動線建議考量採取容易閱讀的編排方式，消費者第一眼會看到的視角設計，讓消費者可以很容易得到想要相關的資訊需求。

三折文宣設計時以印刷為主要設計方法，完成的設計可以轉換成電子式進行發佈。需要將設計好的印刷文宣製作成印刷品時，可將其轉換成數位格式，例如 PDF 高品質印刷輸出，並可提供印刷機印刷使用，使用的顏色色彩模式必須是 CMYK 印刷四色，同時也需要注意解析度為 300DPI 以上，這樣才能保證印刷品質。

電子式輸出發佈，是可在網站上分享的圖片檔案，解析度設定 72PPI 以上，色彩模式為 RGB，除了可以放在網路或各大社交平臺上分享之外，也可以透過電子郵件發送給消費者。除了常見的三折文宣設計之外，還有以下幾種摺法設計。

- 風琴摺

- 蛇腹摺

- 對摺

3-2 ║ 三折廣告文宣設計

3-2-1 新增一個 A4 橫式空白尺寸

01 首先在 Illustrator 裡面新增一個新的 A4 橫式的空白尺寸,「檔案 > 新增 > 列印」,「尺寸:A4、方向:橫式,出血設定:3mm,色彩模式:CMYK, 點陣特效:300ppi」,按下「建立」按鈕,首先設計三折型錄的正面圖稿。

3-2-2 在新增的畫面拉垂直參考線

01 開啟「尺標工具」面板拉垂直參考線，在「垂直尺標」處，點選「選取工具」並拉一條垂直參考線，在右側面板設定變形：X 的參數為 99mm。

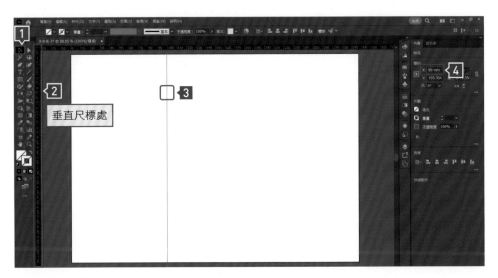

02 點選「選取工具」，在垂直尺標處再拉一條垂直參考線，X 參數為：「198mm」。

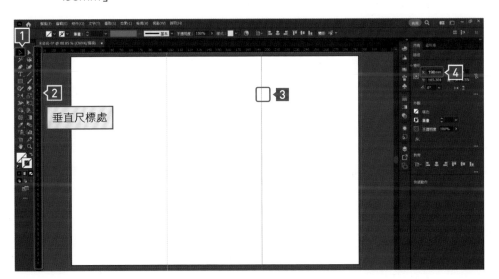

03 繪製底色色塊，點選「矩形工具」，繪製一個矩形色塊，矩形色塊需要貼及紅色出血，在工具列中的填色，點兩下重新填色，輸入色票參數，顏色為「C：40%、M：60%：Y：80%、K：10%」。

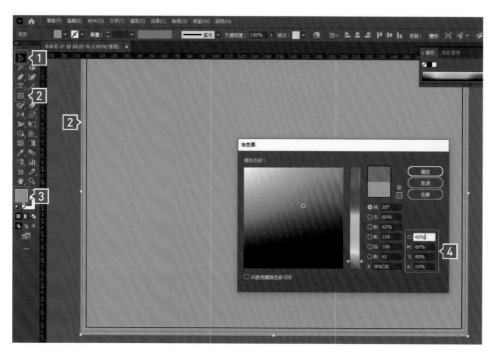

04 將繪製好的底色上鎖，在編輯的時候才不會不小心點到進而影響編輯，點選「物件 > 鎖定 > 選取範圍」。

3-2-3 輸入文字

01 　輸入垂直文字，點選「垂直文字工具」並在畫面點一下，將文字輸入「名古屋」，再點選「視窗 > 文字 > 字元」調整字型的大小以及樣式，「字型設定：微軟正黑體、樣式：Bold，字體大小：48pt，垂直字距：50」。

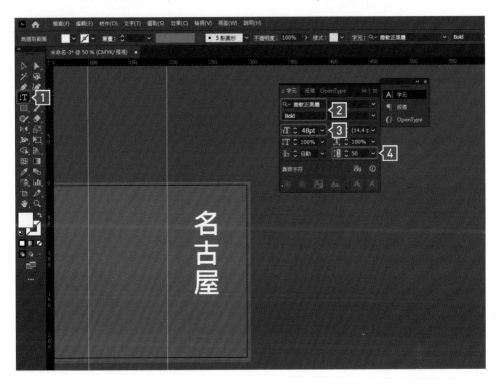

02 　輸入水平文字，點選「水平文字」並在畫面點一下輸入文字「NOGOYA」，「字型：Arial 體、樣式：Bold，字體大小約：45pt，水平字距：150」輸入完畢之後再回到「選取工具」旋轉文字角度。

03 ▶ 繪製一個矩形色塊,點選「矩形工具」繪製一個矩形,重新填色顏色為「白色」。

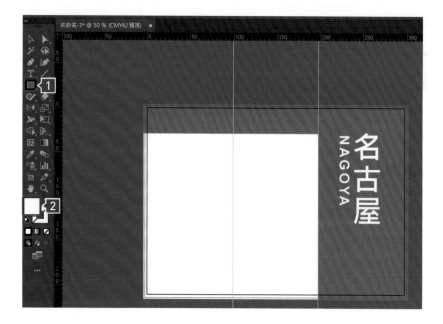

3-2-4 置入圖片檔

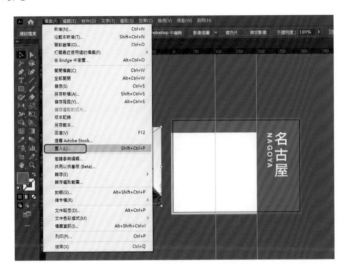

01 將課本中的素材置入，點選素材資料夾中的「名古屋照片」，圖片檔「名古屋 (1).jpg」。

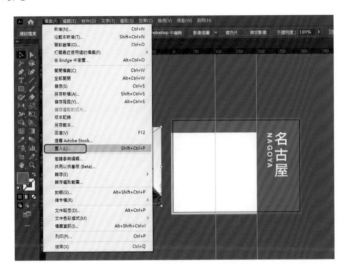

02 圖片檔置入之後，再點選上方控制面板中的「嵌入」，將圖片嵌入在該檔案資料夾裡面。

3-2-5 圖片製作剪裁遮色片

01 將置入的圖檔製作剪裁遮色片，點選「圓角矩形工具」，繪製一個圓角矩形，填色：不填顏色，筆畫的顏色則任意上色。

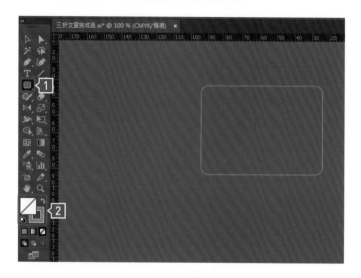

02 將繪製好的圓角矩形覆蓋在照片上面，再點選「選取工具」，同時框選畫面中的圓角矩形照片。

03 按下滑鼠右鍵，點選「製作剪裁遮色片」。

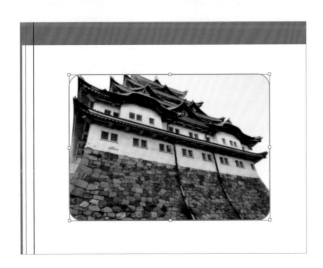

04 將置入的圖檔製作剪裁遮色片，點選「圓角矩形工具」，繪製一個圓角矩形，填色：不填顏色，筆畫的顏色則任意上色。

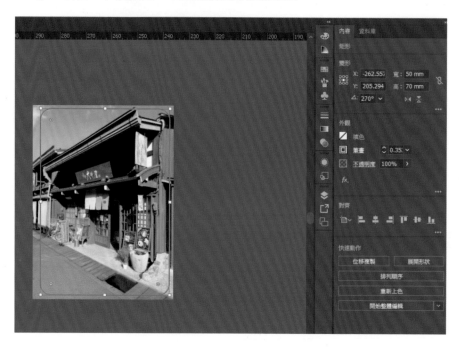

05 將繪製好的圓角矩形覆蓋在照片上面，再點選「選取工具」，同時框選畫面中的圓角矩形照片，按下滑鼠右鍵，點選「製作剪裁遮色片」。

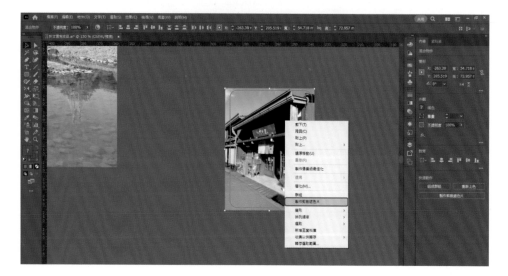

3-2-6 鎖定參考線

(01) 將參考線鎖定,點選「檢視 > 參考線 > 鎖定參考線」。

3-2-7 製作三折型錄背面的圖稿設計

01 複製一個背面反面的工作區域範圍，點選「工作區域工具」，點選畫面中的工作區域範圍，按下「Alt 鍵」按住不放，並且向下拖曳複製。

02 複製完畢之後按一下「Esc 鍵」結束。

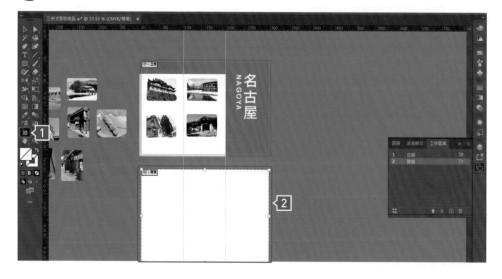

03 修改工作區域的名稱，在右側的「進階」面板點選「工作區域」面板在文字上面點兩下，重新命名，編號 1 的為「正面」、編號 2 的為「背面」。

04 繪製背面的底色，點選「矩形工具」，填色點兩下，對著畫面繪製一個矩形色塊，並且在填色處點兩下修改底色。

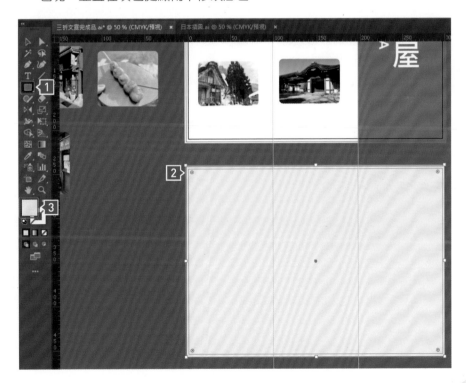

05 底色的顏色為「C：0%、M：10%、Y：15%、K：0%」。

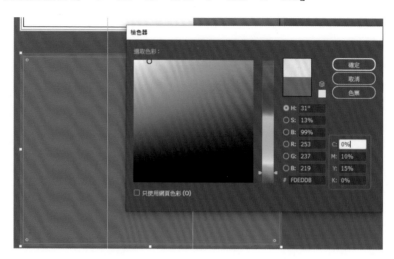

06 將畫面中製作完剪裁遮色片的圖片，放置到背面的工作區域畫面裡，點選畫面中的圖片，按下滑鼠右鍵，點選「排列順序 > 移至最前」。

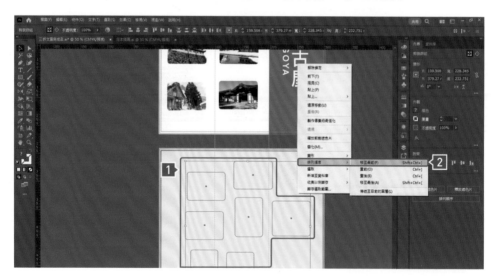

繪製背面型錄上的上面的矩形色塊，點選「矩形工具」繪製一個咖啡色的矩形，貼齊紅色出血處。

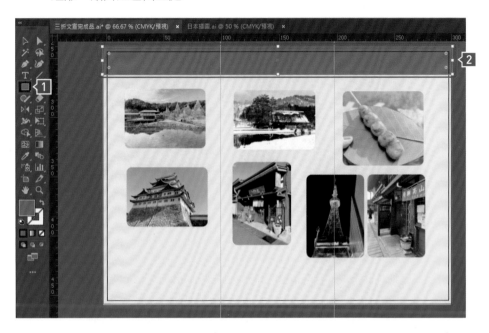

 等比調整縮放畫面中所有圓角矩形的照片，點選「編輯 > 偏好設定 > 一般」。

09 開啟「偏好設定」面板,勾選「縮放圓角」、「縮放筆畫和效果」選項,設定完畢後按下「確定」按鈕。

10 再點選畫面中的照片調整大小,並且將圖片放置在適當的範圍裡。

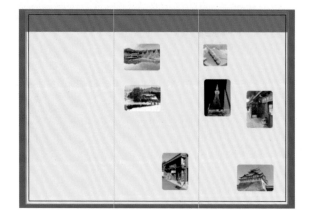

3-2-8 製作遮色片

01 置入課本中的照
片圖檔，素材資
料夾中的「名古
屋照片 > 白鳥
(3).jpg」，點選
「檔案 > 置入」。

02 點選「矩形工
具」，繪製一個
矩形覆蓋在照片
上面。

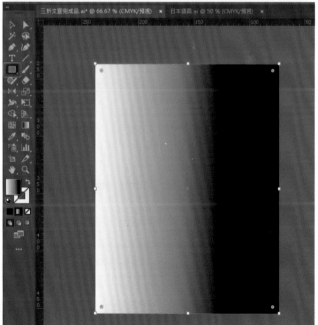

03 「漸層工具」點兩下,重新填入漸層顏色,「漸層顏色:黑白、漸層類型:
線性漸層」。

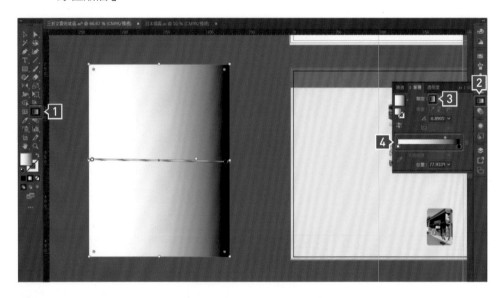

04 同時框選漸層色塊以及畫面中的照片,再點選右側面板中的「透明度」面
板,按下「製作遮色片」。

3-2-9 編輯上方的色塊

(01) 「矩形工具」繪製一個矩形色塊，色塊貼齊紅色出血，再點選「選取工具」
並點選色塊畫面中的色塊，按下滑鼠右鍵，點選「排列順序 > 移至最前」。

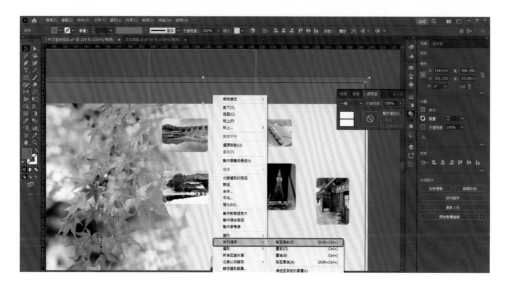

02 輸入文字點選「文字工具」，在畫面點一下輸入文字，輸入完畢之後重新填色。

03 填色面板上面點兩下，輸入色票的參數顏色，「C：25%、M：40%、Y：50%、K：0%」。

04 點選「選取工具」並點選文字並且複製文字，長按「Alt 鍵」拖曳複製，再加「Shift 鍵」強制垂直水平搬移。

05 複製完畢之後再按快捷鍵「Ctrl+D」，複製變形移動文字物件。

3-2-10 編輯型錄中的圖片

01 將畫面中的圖片移至到版面裡面，圖片移置到最上層，點選圖片後按下滑鼠右鍵，點選「排列順序 > 移至最前」，再將課本中所提供的素材資料夾裡的「日本插圖 .AI」向量插圖拷貝，並且貼在三折型錄頁面進行編輯與編排。

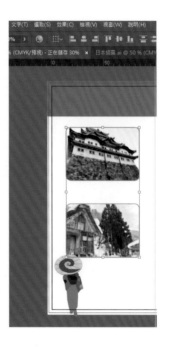

02 輸入型錄中的文字內容，點選「文字工具」在畫面點一下輸入文字，再到「視窗 > 文字 > 字元」開啟「字元」面板，「字型：微軟正黑體、樣式：Bold、字型大小：14.38 PT、字元距離：0」。

3-2-11 編輯內文字

01 點選「文字工具」在畫面框選一個文字框，將課本素材中資料夾裡的「名古屋介紹 .docx」裡面的文字檔案拷貝，並且貼在三折型錄裡使用。

02　文字的尺寸大小在「字元」面板中，「字型樣式：微軟正黑體，樣式：Regular，字型大小：8pt，字元距離：0、字體的顏色：黑色」。

3-2-12　文字繞圖排文製作

01　製作文字繞圖排文效果，首先點選畫面中的所有圖片，按下滑鼠右鍵，點選「排列順序 > 移至最前」。

02　再點選「物件 > 繞圖排文 > 製作」，此時圖片就可以將文字撐開來。

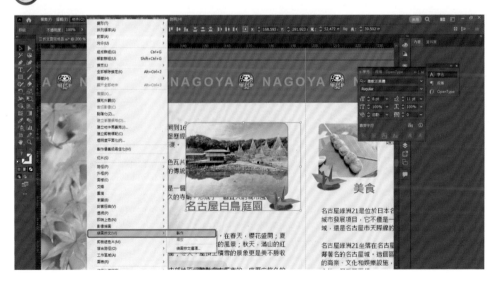

03 製作完繞圖排文完之後可以再調整圖片與文字之間繞圖排文的距離，點選畫面中的圖片。

04 再點選「物件 > 繞圖排文 > 繞圖排文選項」。

05 在繞圖排文選項輸入「位移：3pt」。

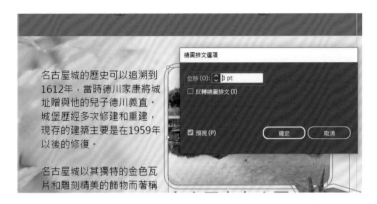

06 使用相同的方式點選畫面中的圖片，再選取畫面中的圖片，按下滑鼠右鍵，點選「排列順序 > 移至最前」。

07 再點選「物件 > 繞圖排文 > 製作」。

3-2-13　文字溢位處理

01 製作完繞圖排文之後，畫面中的文字會產生溢位，也就是文字圖框內還有文字，在文字框右下角會顯示一個紅色的十字框。

> 飛驒高山地區最著名的景點之一是合掌村，特別是白川鄉合掌村。這裡的傳統合掌造屋是日本獨特的風景，被列入世界文化遺產。在冬季，這些屋頂上積雪的景象更是美不勝收。
>
> 飛驒高山的市區保留了許多保存完好的古老街道，如飛驒古川。這些街道充滿懷舊氛圍，保存了江戶時代的建築風格，吸引著遊客探索。
>
> 飛驗高山市區是一個充滿歷史和傳

02 點選「文字工具」，長按「Ctrl 鍵」，並在「紅色的十字框」點一下將文字擷取出來。

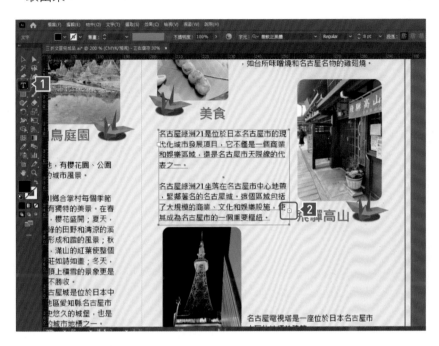

03 文字擷取出來之後，再利用「文字工具」框選下一個文字區域範圍，此動作可以將多餘的文字，移動到新的文字工作區域範圍裡面。

3-2-14 製作光暈效果

01 點選「矩形工具」繪製一個白色的矩形色塊。

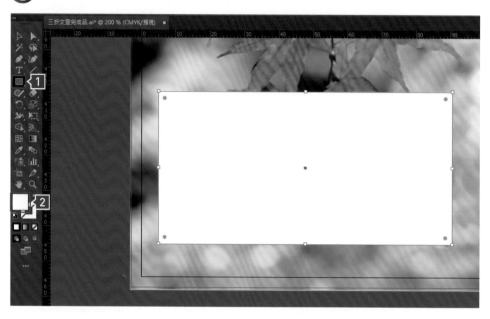

02 製作模糊光暈效果,點選「效果 > 模糊 > 高斯模糊」。

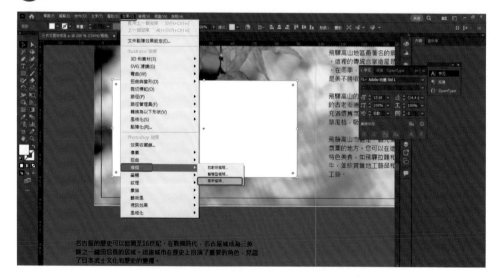

開啟「高斯模糊」面板調整模糊參數「半徑：52 像素」。

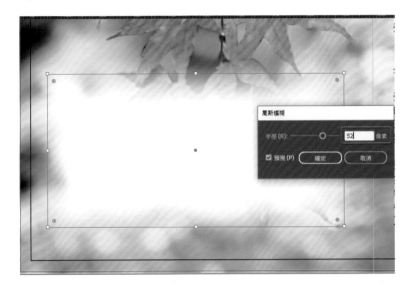

 再點選右側面板中的「不透明度」面板，調整為「不透明度 83%」。

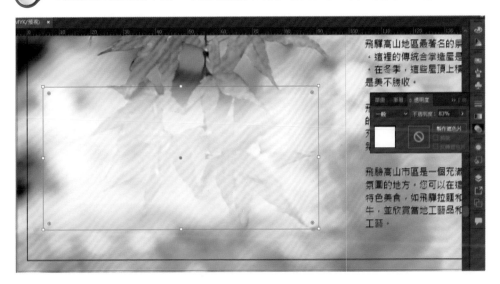

05 再將文字貼在白色光暈矩形上面，將文字修改為較細的字體：「字型：微軟正黑體、樣式：light、字型大小：8 pt、字元距離：0」。

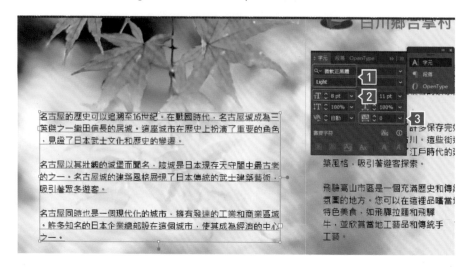

06 製作完畢後存擋，「檔案 > 另存新檔」，檔案格式為 AI 原始檔。

MEMO

攝影技巧與編修處理

適用：CC 2020-2024 Ps

💡 設計概念

透過不同的調色方式，創造出千變萬化、不同風情的照片效果。

⚙ 軟體技巧

調整面板裡有不同的調整照片風格的功能選項，透過常用的亮度對比、顏色色調、曲線、色階創造出不同的視覺效果。

📝 檔案

第 4 章 > 完成品 >

» 富士山 - 河口湖 (1).jpg 至富士山 - 河口湖 (12).jpg

第 4 章 > 素材

» 富士山 - 河口湖 (1).jpg 至富士山 - 河口湖 (12).jpg

設計
流程

01 在「調整」面板裡，調整照片的
色調明亮。

02 在「調整」面板裡，調整照片的
反差色階、加強黑白反差。

03 在「調整」面板調整中的曲線效果，調整照片反差。

04 在「調整」面板中,調整照片的曝光度。

4-1 │ 攝影技巧概論

攝影設計是藝術和技術組合而成的，
如何創造出有創意的畫面視覺效果，
可以透過捕捉畫面中的主題、情感訴求、故事來描述，
並透過光影、構圖、色彩……等元素，來傳達意境。

攝影設計的組成中，構圖是攝影中的重要元素，它涉及如何安排主題和畫面中的各個元素。構圖的選擇可以影響畫面在觀景窗下的呈現，並對影像的色彩平衡和視覺流暢度產生影響。除此之外，光線也是攝影中的關鍵因素。不同類型的光線可以創造出不同質感的視覺效果。例如，使用自然光、環境光或其他光源，都能為攝影作品增添獨特的氛圍和效果。

攝影設計中，還需要考慮色彩的色調和對比，色澤鮮豔度色彩飽和度，高彩度低彩度都可以創造出不一樣的氛圍，傳達不同的情感主題。

對焦和景深的關係，可以營造出大光圈背景模糊，小光圈背景清楚的視覺效果透過不同的景深來引導觀眾的注意力。

數位攝影的好處，是可以透過後製來調整照片和優化影像想要的效果，攝影師可以使用後製軟體處理工具，例如 Photoshop 進一步調整和優化影像。

4-1-1　創意白平衡

想要讓相片呈現出不同的風格，讀者可以在拍攝時，使用與現場光源完全不同的白平衡，來調整成特別的色調，創造出不同氛圍主題。因為在攝影中的色溫會直接影響相片呈現出來的意境。

例如：照片呈現暖色調，可以讓食物看起來更好吃，也可以強調溫馨氛圍或是復古的感覺；而冷色調則有冷靜、距離、科技以及未來的感覺。

▸ 低飽和度配色

▸ 色溫低飽和度

▸ 冷色調配色

4-1-2 攝影構圖的重要技巧

為了讓照片更能夠突顯主題或是更加賞心悅目，讀者可以利用不同的構圖方式，讓照片看起來更有主題且更出色。常見的構圖方式有中心點構圖、三分構圖、井字構圖、三角構圖。

中心點構圖拍攝之前，需要一個明顯而且吸引人目光的主要標的物為主角。在拍攝同時以該主角為攝影唯一目標，其他多餘部分均為配角，避免視覺上分散注意力。中心點攝影構圖的基本原則，並不單只是把攝影的主題放在畫面正中心，而是要運用攝影中的景深前後感、光線明暗以及色彩學中的對比等，突顯出相片中唯一的主角。

▶ 景深前後感

▶ 框架式構圖、將物品塞滿整個畫面

▶ 中心點構圖

三分法構圖有水平三分法、垂直三分法、井字構圖（九宮格構圖）等，在攝影裡算是最基本、最安全的構圖方式，大部分的攝影主題均適用。現在攝影者可以透過數位相機或是手機，設定九宮格構圖的觀景窗，拍出三分法構圖。

▸ 水平三分法構圖

▸ 垂直三分法構圖

井字構圖（九宮格構圖）：將畫面分成九個等分，將主題元素放置在交叉點或
線條上，以增加視覺的平衡感。

三角構圖：以三角形的外型構圖為概念，攝影畫面會有一個三角形的外型，
將攝影主題放置在畫面的正中間。

填滿框架構圖：可以確保主題填滿畫面，避免過多的空白範圍，除非空白區域有特定的目的性使用。

重複元素構圖：我們也可以接近主題以捕捉更多畫面中的細節和情感表現，對比和重複元素可以營造出較為統一的視覺節奏感，形成一種使用相同的符號元素組成的構圖畫面。

引導線構圖：是使用線條或形狀來引導觀眾的目光，下面的圖片就是利用前景為大量的白雪，引導關注合掌村小屋的主題。

前景、中景和背景的構圖：將畫面分為照片增加不同的層次，深度和立體感。將主題放置在景中，並考慮背景元素，以創造出不一樣的視覺效果。

對角線和對稱構圖：可以創造平衡和穩定感。攝影師透過湖面上鏡射倒影合掌村的圖像來營造對稱的構圖，同時透過水平構圖和垂直構圖去做取景攝影，照片可以表現出不一樣的氛圍感，橫式構圖可以讓畫面看起來比較寬廣。

改變拍攝取景角度，利用俯拍、仰拍、鳥瞰等不同的視角，可以創造出更加生動的攝影作品。

4-2 | 照片編修與處理

本單元將說明如何透過 Photoshop 軟體調整點陣圖照片的顏色、色彩飽和度及反差對比度。

4-2-1 調整照片的亮度和對比度

(01) 開啟課本提供的素材資料夾中的「富士山 - 河口湖 (3).psd」圖檔，調整照片亮度和對比度，點選「視窗 > 調整」，開啟「調整」面板，再點選亮度對比的選項。

02　在圖層上面就會多增加一個「亮度 / 對比度」的圖層，同時移動「亮度」中的三角形游標滑桿，往左移動降低亮度；往右移動增加亮度。點選「對比度」中的三角形游標滑桿，往左降低對比度；往右提升對比度。

完成品

4-2-2 調整照片反差對比

01　點選「視窗 > 調整 > 色階」，展開「色階」面板。

02　開啟課本中提供的素材資料夾中的檔案「富士山 - 河口湖 (1).psd」，在「圖層」面板中會產生一個「色階」的圖層，同時點選「色階」面板中的三角形滑桿，往左移動會降低照片中黑色的顏色，照片會比較亮偏白色；往右移動，黑色的比例顏色會比較多照片會變得比較暗。

完成品

4-2-3 調整照片反差效果

01 開啟課本中提供的素材資料夾中的檔案「富士山 - 河口湖 (1). psd」，再點選「視窗 > 調整 > 曲線」開啟「曲線」面板。

02 「圖層」面板中會增加一個「曲線」的圖層，在「曲線」面板中點在線條上增加「節點」，同時可以移動節點的位置，往上移動可以提亮畫面；往下移動可以增加黑色顏色降低亮度。

完成品

4-2-4 調整照片曝光度

01 開啟課本中素材檔案「富士山 -
河口湖 (9).psd」，再點選「視窗 >
調整 > 曝光度」、開啟「曝光度」
面板。

02 在「圖層」面板中會增加一個「曝光度」的圖層，調整「曝光度」面板中
的參數，點選「曝光度面板中」的三角形滑桿，往左降低曝光度效果、往
右增加曝光度效果，點選「偏移量」面板中的三角形滑桿，往左移動可增
加偏移量的參數、照片會看起來比較暗比較深；往右移動照片會變比較白
亮。點選「Gamma 校正」面板中的三角形滑桿，往左移動照片會變白亮；
往右移動照片會變比較深加強黑色的顏色。

4-2-5 調整照片色彩平衡、照片顏色

01 開啟課本中素材檔案「富士山 - 河口湖 (6).psd」，再點選「視窗 > 調整 > 色彩平衡」、開啟「色彩平衡」面板。

02 在「圖層」面板會產生一個「色彩平衡」的圖層，在「色彩平衡」面板中，點選三角形滑桿，左右兩端的顏色均為互補色，青色代表藍色，往左移動可增加藍色的顏色、往右移動增加畫面中紅色顏色成分；洋紅色往左移動可增加洋紅色的顏色，往右移動可增加綠色顏色；黃色往左移動可增加黃色顏色往右移動可增加藍色顏色。

4-2-6 調整照片自然飽和度

01 開啟課本提供的素材檔案「富士山 - 河口湖 (5).psd」，點選「視窗 > 調整 > 自然飽和度」。

02 在「圖層」面板會產生一個「自然飽和度」的圖層，在「自然飽和度」面板中，點選三角形滑桿，往左移動降低自然飽和度，往右移動增加自然飽和度。在「飽和度」面板中，點選三角形滑桿，往左移動降低照片的鮮豔值，往右移動可增加圖片中的色彩飽和度，讓照片看起來比較鮮豔。

4-2-7 調整照片色相飽和度

01 開啟課本提供的素材檔案「富士山 - 河口湖 (7).psd」，點選「視窗 > 調整 > 色相 / 飽和度」。

02 在「圖層」面板會產生一個「色相 / 飽和度」的圖層，「色相」代表色彩顏色，「飽和度」代表色彩的鮮豔值，「明度」代表照片亮度。

4-2-8 調整照片亮度對比度

01 開啟課本中所提供的素材資料夾中的「富士山 - 河口湖 (12).psd」,再點選「視窗 > 調整 > 亮度 / 對比」

02 在「圖層」面板中會產生一個「亮度 / 對比度」的圖層,再點選「亮度 / 對比度」面板中的亮度,移動畫面中的三角形滑桿,往左亮度會比較暗,往右亮度會比較亮。再點選「對比度」面板中的三角形滑桿,往右移動會增加照片反差,往左移動會降低照片反差效果。

4-2-9 調整照片濾鏡

01 開啟課本提供的素材中的「富士山 - 河口湖 (10).psd」，點選「視窗 > 調整 > 相片濾鏡」，點選「相片濾鏡」選項。

02 在圖層面板中會增加一個「相片濾鏡」的圖層，在「顏色」的位置點選，可以調整整張相片想要呈現的顏色。

在「顏色」的位置點選

MEMO

旅遊電子書排版(封面設計)

適用：CC 2020-2024 Ai

設計概念

封面設計版面配置以極簡的風格為主，搭配日本風景照片呈現。

軟體技巧

封面設計使用 Illustrator 軟體，製作完畢之後再儲存程式原始檔，再置入到 InDesign 軟體整合並且做編輯，Illustrator 以簡單的色塊搭配設計，使用漸變功能製作線條漸變效果。

檔案

第 5 章 > 名古屋照片 >

» 日本食物 .jpg
» 白鳥 (1).jpg 至白鳥 (5).jpg
» 合掌村 (1).jpg 至合掌村 (18).jpg
» 名古屋 (1).jpg 至名古屋 (3).jpg
» 名古屋電台 .jpg
» 飛驒 (1)jpg 至飛驒 (3)jpg
» 熱田神宮 .jpg

第 5 章 >

» qr code.jpg
» 名古屋介紹 .docx
» 封面設計完成品 .ai

設計
流程

01 開啟一個 A4 的直式尺寸畫面,再將圖片檔案置入並且編排。

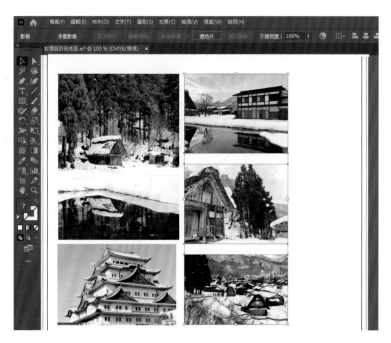

02 在「字元」面板輸入文字並且進行編排。

03 利用幾何圖形製作圖標，使用「文字工具」輸入年月份，「線段工具」編排畫面中的線條圖形。

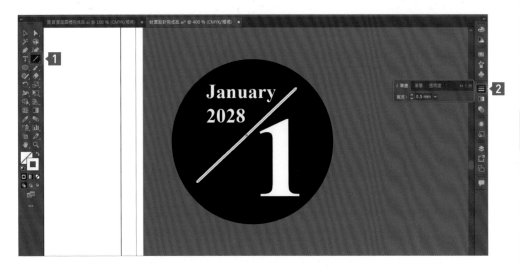

完成圖

5-1 | 何謂電子書

電子書的便捷性影響人們的生活，在生產和傳輸成本相對較低，且不需要紙張，對環境友好。電子書通常比紙本書便宜，這吸引了價格敏感的讀者群體，現代電子書不再僅限於純文字內容。許多電子書加入了多媒體元素，如音樂、視頻和互動圖形，提供更豐富的閱讀體驗。例如，教育類電子書常常包含互動練習和即時測驗，有助於加深學習效果。

5-1-1 電子書閱讀器種類

電子書瀏覽器，又稱電子閱讀器或電子書閱讀器，是一種專門用來閱讀電子書籍的裝置。它通常具有電子墨水（E-Ink）顯示技術，讓使用者可以長時間閱讀而不會感到眼睛疲勞，並且在陽光直射下也能清晰可見。

常見的電子書閱讀器品牌在功能和價格上都有所不同，選擇時可以依據個人的閱讀習慣、需求和預算來進行選擇，同時，這些品牌也有自己的網路書城可以提供讀者選購喜愛的電子書。

1. Amazon Kindle 電子書閱讀器

- **製造公司**：Amazon
- **種類**：Kindle Paperwhite、Kindle Oasis 等
- **特色**：線上書店集成、長電池壽命

▶ 網站：https://www.amazon.com/

2. Kobo 電子書閱讀器

- **製造公司**：Rakuten（樂天）
- **種類**：Kobo Clara HD、Kobo Forma 等
- **特色**：封閉式系統、支援多種電子書格式、ComfortLight PRO 螢幕照明技術。

▶ 網站：https://gl.kobobooks.com/zh/collections/ereaders

▸ Rakuten kobo，網站：https://www.kobo.com/tw/zh/ebooks

3. mooInk 電子書閱讀器

- **製造公司**：群傳媒股份有限公司

mooInk 電子書閱讀器提供多種型號，每個型號都有其獨特的特色和功能。以下是主要的 mooInk 電子書閱讀器型號、其特色：

(1) mooInk

- **特色**：6 吋 E-Ink 螢幕，無藍光護眼設計、輕巧便攜，適合一般閱讀需求、支援 EPUB、PDF 等多種格式、長效電池，單次充電可使用數週。

(2) mooInk Plus

- **特色**：6 吋高解析度 E-Ink 螢幕，具備背光功能、更大的儲存空間，適合大量書籍收藏、支援多種電子書格式，並具備藍牙功能。

(3) mooInk Pro

- **特色**：7.8 吋 E-Ink 螢幕，適合閱讀專業文件和漫畫、支援手寫筆功能，可進行筆記和標註、更高的解析度和更大的儲存空間。

(4) mooInk X

- **特色**：10.3 吋 E-Ink 螢幕，適合閱讀大版面文件和 PDF、配備手寫筆和多應用程式支援、支援更多專業功能，適合需要大量閱讀和筆記的用戶。

▸ 網站：https://readmoo.com/mooink-series/mooink-plus2

▸ Readmoo 讀墨，網站：https://readmoo.com/

4. HYREAD Gaze 電子書閱讀器

■ **製造公司：凌網科技**

(1) HYREAD Gaze Basic

- **特色**：6 吋 E-Ink 螢幕，無藍光護眼設計、輕巧便攜，適合一般閱讀需求、支援 EPUB、PDF 等多種格式、長效電池，單次充電可使用數週。

(2) HYREAD Gaze Plus

- **特色**：6 吋高解析度 E-Ink 螢幕，具備背光功能、更大的儲存空間，適合大量書籍收藏、支援多種電子書格式，並具備藍牙功能、更高的解析度，提供更清晰的閱讀體驗。

(3) HYREAD Gaze Pro

- **特色**：7.8 吋 E-Ink 螢幕，適合閱讀專業文件和漫畫、支援手寫筆功能，可進行筆記和標註、更高的解析度和更大的儲存空間、支援更多應用程式，提升使用彈性。

(4) HYREAD Gaze X

- **特色**：10.3 吋 E-Ink 螢幕，適合閱讀大版面文件和 PDF、配備手寫筆和多應用程式、支援更多專業功能，適合需要大量閱讀和筆記的用戶、大螢幕提供更好的閱讀和筆記體驗。

其他特色

- **護眼設計**：所有型號均採用 E-Ink 螢幕，避免藍光傷害，適合長時間閱讀。
- **長效電池**：一次充電可使用數週，非常適合經常出門或長時間使用。
- **多格式支援**：支援多種電子書格式，方便讀者從不同來源獲取書籍。

‣ 網站：https://ebook.hyread.com.tw/activity/201902gaze/productList.jsp

▸ HYREAD，網站：https://ebook.hyread.com.tw/

5-1-2 電子書的編排設計

電子書編排需要注意的是確保電子書在不同設備和閱讀器上，完整呈現原稿的設計風格並吸引讀者繼續閱讀。首先需要考量的是電子書的可讀性，因此書籍的封面設計與內容字體選擇，需要確保它們在不同尺寸的電子閱讀器上的解析度都能清晰可讀。

1. 版面設計

設定適當字體的級數大小以及段落行高，以確保文本不會過於擁擠或間際過大。版面中的格式設定，需要統一化設計，文章中的段落和標題，使用適當的段落和標題格式，建議使用段落樣式以及字元樣式，來進行書籍的編輯，如此一來就可以區分章節和內容，提高編輯時的完整以及組織性。

2. 字體級數大小、行段以及行高設定

分頁和各章節的分類，在編輯的時候確認頁數以及使用的編排方式是否一致。

在編輯紙本類型的書籍，需要注意內頁時編排需要注意的是風格一致性，確保內頁編排與書籍的主題和風格一致。包括整本書的結構風格，選擇適當的字體、標題、章節……等方面的一致性。

紙本的閱讀內頁字體應選擇易讀的字體，特別是正文文字。常見的字體包括 Times New Roman、Arial、Helvetica 等。不建議使用潦草的手寫字體和草書。確保字體大小適中，太小字體難以閱讀，也不要過大影響版面整體編排的美感。

3. 圖片編排注意事項

圖片和圖形使用上需要注意的是在螢幕上面呈現的清晰度。設計的同時也可以在圖片上增加註解，提供適當的圖片註解或說明，以幫助讀者理解圖片的內容和文章中的內容關聯性。

4. 電子書導航列、互動式超連結以及閱讀器增加註解功能

測試電子書在不同閱讀器、設備和操作系統上在多平台的整合閱讀兼容性，在各種環境中都能正確顯示設計的版面。

電子書可以提供與一般印刷部一樣的功能，例如可以製作超連結選項和導航列選單、互動式按鈕……等動畫效果。在必要時增加超連結功能，讓讀者可以在閱讀的同時連結網站，透過連結的方式可以連結到外部資源。

電子書也可以設定書籤和目錄連結，以方便讀者可以直接跳到想要閱讀的章節或頁面。

5. 發佈電子書常見格式

注意在編輯時所使用的圖片版權是否可商用，必須遵守著作權法的規範。常見的電子書文件格式有 EPUB、PDF……等，可以依照受眾讀者和閱讀平台選擇最適合的格式。

5-2 書籍類封面設計

書籍封面設計是吸引讀者注意力的重要元素之一，它不僅是書籍內容的視覺代表，還身負傳達書籍風格和內容精神的重責大任。常見的書籍封面設計類型有單張底圖類、設計類、創意類、簡潔的封面編排類、旅行類等。

單張底圖類雜誌

編排方式透過色彩搭配營造出專業、時尚的設計風格、營造舒適的氛圍。以簡潔清晰的版面設計呈現為主，避免過度裝飾和混亂的排版。雜誌中的品牌 logo，應該放置在底圖中合適的位置，以加強品牌的識別度。

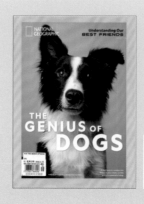

網站：
https://www.multi-arts.com.tw/item.php?i=74899

網站：
https://www.multi-arts.com.tw/item.php?i=74663

網站：
https://www.multi-arts.com.tw/item.php?i=75227

設計類雜誌

採用現代、簡潔的版面設計風格，注重視覺上的空間利用和排版的版面平衡。運用版面上的對齊、文字的間距和大小比例，使整體版面看起來更清晰、易讀且具視覺吸引力。

在字型上的使用以現代感強、清晰易讀的無襯線字體，例如：Helvetica、Arial... 等，以展現出專業感和現代的設計風格。

網站：
https://www.multi-arts.com.
tw/item.php?i=75259

網站：
https://www.multi-arts.com.
tw/item.php?i=75080

創意類雜誌

通常採用大膽且明亮的色彩,如亮麗的黃色、搭配黑色、多彩的顏色重疊,橙色、紫色多種顏色交錯,以突顯創意和活力。鮮豔的色塊或漸變的色彩效果,增加視覺吸引力。非傳統的版面設計風格,打破常規的版面編排格局,讓版面充滿活力和變化。

趣味性和獨特風格的字體設計,例如:手寫風格字體、裝飾性多變的字體……等,展現出創意和個性。插圖可以採用有趣味性的圖片或是以抽象的創意攝影作品,展現出獨特與多樣性。

網站:
https://www.multi-arts.com.tw/item.php?i=72254

網站:
https://www.multi-arts.com.tw/item.php?i=71239

網站:
https://www.multi-arts.com.tw/item.php?i=75104

簡潔的封面編排雜誌

簡潔明亮的色彩，例如白色、黑色……等。營造出畫面簡約的感覺，讓封面看起來更加整潔。簡單直接的版面設計風格，避免過多的裝飾和繁複的排版。圖片或插圖，選擇高品質、具有代表性的圖片，並盡量保持畫面中的簡潔。

網站：
https://www.multi-arts.com.tw/item.php?i=74930

網站：
https://www.multi-arts.com.tw/item.php?i=74944

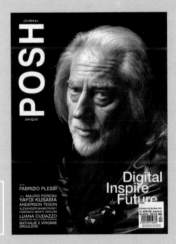

旅行類雜誌

版面中使用的色彩以高彩度或是鮮明而生動的色彩為主，例如：水藍色、湖水綠，展現出旅行的活力和多彩的世界。

天空藍和大海藍或是大自然的色彩，視覺畫面中可以讓人感受到大自然的美好。封面中使用的攝影照片可以使用風景照片、城市景觀、文化特色……等，呈現出旅行時當地的魅力和吸引力。畫面中也可以增加旅行相關的插圖或圖示，例如：地圖、行李箱、飛機、交通工具……等，增加趣味性和識別度。

網站：
https://www.multi-arts.com.
tw/item.php?i=75253

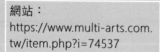

網站：
https://www.multi-arts.com.
tw/item.php?i=74537

5-3 旅遊電子書封面設計

本單元利用 Illustrator 設計書籍封面，設計完畢之後再置入到 Indesign 內編輯。

5-3-1 新增一個新的 A4 尺寸

01 開啟一個新的工作區域，「檔案 > 新增」，點選「列印」頁面尺寸設定為「A4」，「方向：直式，出血：3mm，色彩模式：CMYK 色彩、點陣特效：300 ppi」，設定完畢按下「建立」按鈕。

黑色框線代表 A4 實際尺寸大小、紅色框線代表 3mm 印刷出血範圍。

5-3-2 繪製一個矩形色塊

01 書籍的封面設計底色為白色顏色,雖然底原本就是白色的顏色,但為了方便之後置入在 InDesign 軟體裡面編輯,建議繪製一個矩形白色顏色色塊,並且剛好符合 A4 直式的畫面,等直接置入 InDesign 軟體編輯時可以直接卡在畫面,點選「矩形工具」貼齊紅色出血框線,工具列中的「填色」重新填色為「白色」。

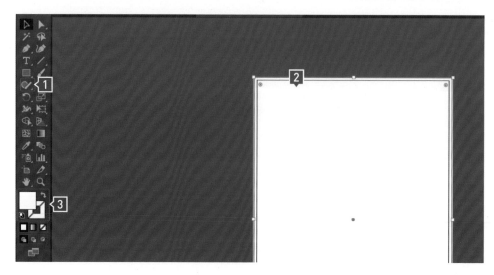

02 點選「選取工具」並點選繪製好的白色矩形色塊，點選物件「物件 > 鎖定 > 選取範圍」將色塊上鎖，再進行下一個動作的編輯。

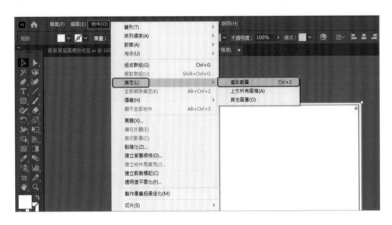

5-3-3 置入照片圖檔

01 將課本提供的素材圖片置入，點選「檔案 > 置入」點選素材資料夾中的素材「素材 > 名古屋照片 > 合掌村 (7).jpg、合掌村 (9).jpg、合掌村 (2).jpg、合掌村 (1).jpg、名古屋 (2).jpg」，再點選「選取工具」並點選畫面中的圖片，在上方控制面板按下「嵌入」按鈕，將每張圖片置入在畫面裡。

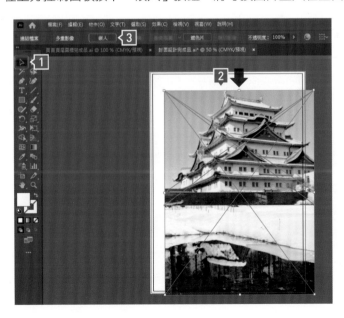

5-3-4 將畫面中的圖片置入在版面正中間

01 點選「選取工具」並點選畫面中的圖片,分別將圖片先對齊,對齊完畢之
後再利用「選取工具」長按「Shift 鍵」並點選每一張圖片,選取完畢之後
按下快速鍵「Ctrl+G」將選取的圖片群組,群組完畢之後點選「視窗 > 對
齊」,展開「對齊」面板中的「對齊至:工作區域」,在點選「垂直居中」
和「水平居中」的選項,畫面中的圖片就會位在正中間。

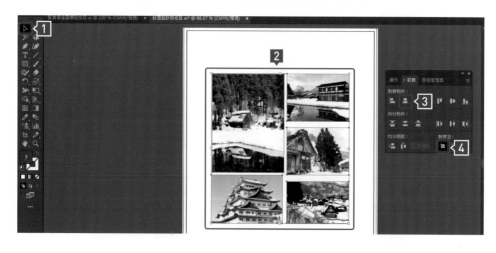

5-3-5 輸入書籍標題文字

01 點選「文字工具」在畫面點一下，輸入 Japan 英文字，輸入完畢之後反選文字，在「視窗 > 文字 > 字元」，開啟「字元」面板，調整「字型：Times New Roman，樣式：Bold、字體大小：61pt、字元距離：50」。

02 輸入副標文字「Nagoya 和 Shirakawago」，「調整字型：Times New Roman，樣式：Bold、字體大小：28pt、字元距離：0」。

5-3-6 製作年月份圖標

01 點選「橢圓形工具」按住「Shift 鍵」繪製一個正圓形,「填色工具」重新填色為黑色色塊。

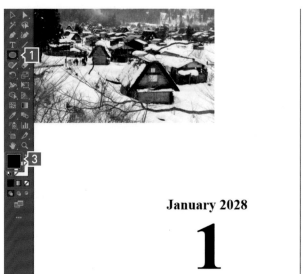

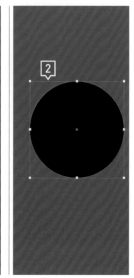

02 點選「文字工具」輸入文字,畫面點一下輸入文字「January 2028」,「調整字型:Times New Roman,樣式:Bold、字體大小:11pt、字元距離:0」。

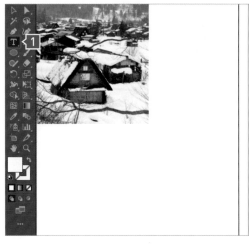

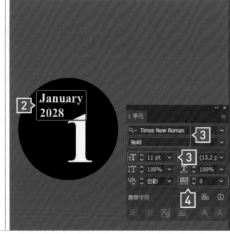

03 點選「文字工具」，輸入文字「1」調整字型樣式：「字型：Times New Roman，樣式：Bold、字體大小：61pt、字元距離：0」。

04 繪製斜線條，點選「線段工具」繪製斜線，在右側的「進階」面板中點選「線條」，展開「線條」面板，調整線條「寬度 0.5mm」，點選工具列中的線條，重新調整線條的顏色為「白色」。

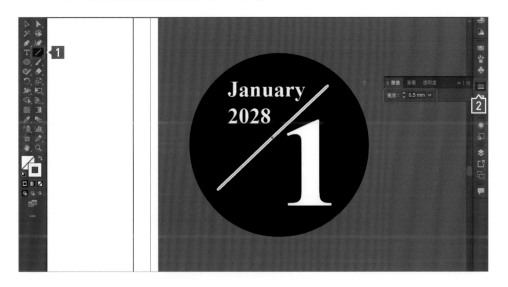

05 繪製垂直線條，點選「線段工具」按住「Shift 鍵」可繪製一條垂直的直線，在右側的「進階」面板中點選「線條」，展開「線條」面板，調整線條「寬度 1mm」，點選畫面中的線條，重新調整線條的顏色為「黑色」。

5-3-7 製作漸變效果線條

01 點選工具列中的「線段工具」繪製一條斜線，並且在「線條」填色點兩下重新填色，色彩模式為「C：0%、M：0%、Y：0%、K：50%」。

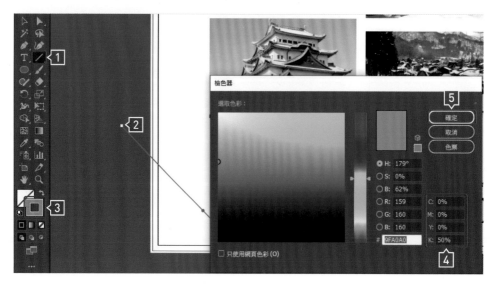

02 點選「選取工具」並點選畫面中的線條，長按「Alt 鍵」拖曳複製線條。

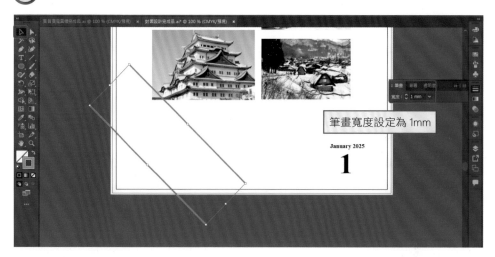

03 點選「漸變工具」，點選上面的線條、再點選下面的線條，畫面會跳出「漸變選項」面板，在「間距」選項設定「指定階數」數量為「15」。

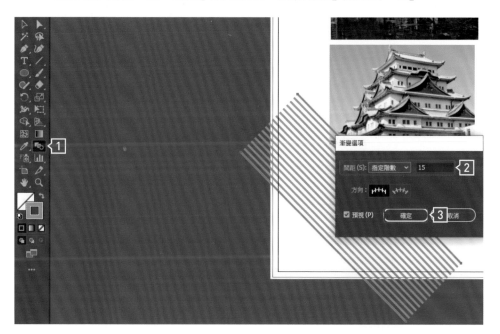

04 調整漸變色塊的不透明度，並讓色塊壓在照片上面，在右側「進階」面板中點選「不透明度 65%」。

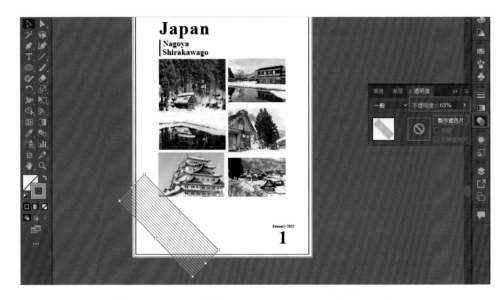

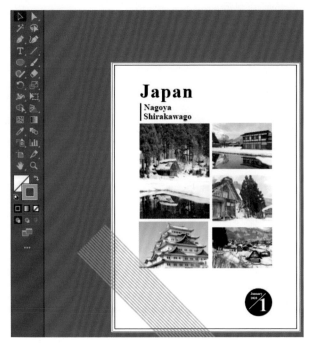

Japan
Nagoya
Shirakawago

January
2028
1

5-3-8 儲存檔案

 將設計好的檔案,「檔案 > 另存新檔」,儲存原始檔格式「Adobe Illustrator (*.AI)」,再置入 InDesign 軟體進行編輯。

06

旅遊電子書排版(封底設計)

適用：CC 2020-2024 Ai

設計概念

封底設計版面配置以極簡的風格為主，搭配日本風景照片呈現。

軟體技巧

封底設計使用 Illustrator 軟體，製作完畢之後再儲存程式原始檔，在置入到 InDesign 軟體整合並且做編輯，Illustrator 以簡單的色塊搭配設計，使用漸變功能製作線條漸變效果。

檔案

第 6 章 > 名古屋照片 >

» 日本食物 .jpg
» 白鳥 (1).jpg 至白鳥 (5).jpg
» 合掌村 (1).jpg 至合掌村 (18).jpg
» 名古屋 (1).jpg 至名古屋 (3).jpg
» 名古屋電台 .jpg
» 飛驒 (1)jpg 至飛驒 (3)jpg
» 熱田神宮 .jpg

第 6 章 >

» qr code.jpg
» 文字 .docx
» 封面設計完成品 .ai

設計
流程

01 在 Illustrator 裡製作一個 A4 直式的畫面尺寸，並且置入圖片檔，點選「文字工具」輸入文字進行編排。

02 點選「鋼筆工具」進行線條邊緣的描繪。

03 點選「線條工具」繪製線條，再利用「漸變工具」製作漸變效果。

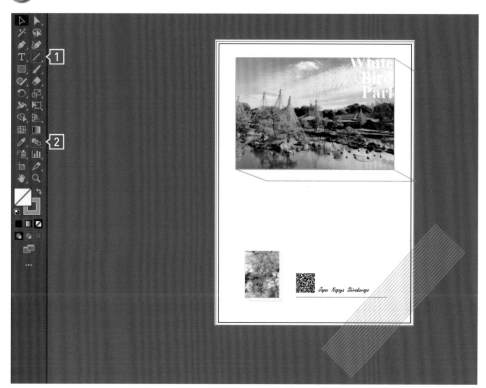

White
Bird
Park

Japan Nagoya Shirakawago

6-1 旅遊電子書封底設計

6-1-1 新增一個 A4 尺寸

01 製作封底設計新增一個跟封面一樣的尺寸大小的檔案，「檔案 > 新增 > 列印」，設定參數「版面尺寸：A4、方向：直式、出血：3 mm、色彩模式：CMYK、點陣特效：300 ppi」。

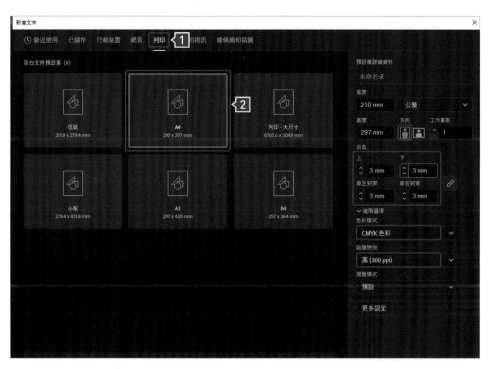

02　點選「矩形工具」繪製一個矩形重新填色為「白色」，繪製矩形色塊必須貼齊紅色出血範圍。

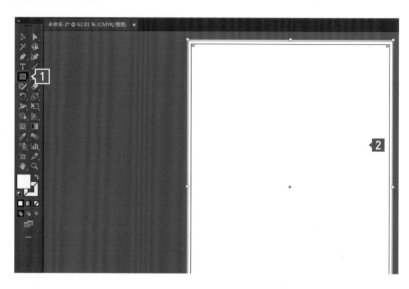

6-1-2　置入圖檔

01　點選課本提供的「素材 > 名古屋照片 > 白鳥 (1).jpg」，圖檔至入之後點選畫面中的圖片，在上方控制面板點選「裁切影像」，可以剪裁畫面中的圖檔。

調整裁切範圍

02 將畫面中的圖片置入在工作區域的中間，點選畫面中的圖片，到「視窗 > 對齊」開啟「對齊」面板，點選「對齊至：工作區域」，再將圖片置中對齊。

6-1-3 輸入文字

01 點選「文字工具」畫面點一下輸入文字「Whit Bird Park」，調整字型樣式：
「字型：Times New Roman、字元距離：0、字體顏色：白色」。

02 繪製照片中的直線線條，點選「鋼筆工具」填色：不填顏色，筆畫顏色則
改為「灰色」，並且在照片中描繪灰色框線，製作出立體透視效果。

03 線條繪製完成後，在右側的「進階」面板調整線條粗細，點選「線條」面板設定「寬度：0.2mm」。

04 將封面設計中的漸變線條,「Ctrl+C」拷貝物件,再到封底頁面點按「Ctrl+V」貼上物件,並調整適合的角度。

White Bird Park

Japan Nagoya Shirakawago

MEMO

電子書內頁設計與編排
（頁首頁尾）

適用：CC 2020-2024 Ai

設計概念

透過 Illustrator 軟體製作頁首頁尾設計，使用幾何圖形以簡單的顏色線條搭配，設計同時盡可能不要太過花俏，以避免搶了主視覺的設計風格。

軟體技巧

在 Illustrator 軟體製作向量插圖，製作完畢之後儲存 Illustrator 軟體原始檔案，再進入到 InDesign 軟體裡面進行編輯和整合。

檔案

第 7 章 >

» 頁首頁尾圖標完成品 .ai

設計
流程

01 ▶ 點選「橢圓形工具」繪製幾何圖形,再點選「直接選取工具」並點選錨點,移動錨點的位置製作出圖標外觀。

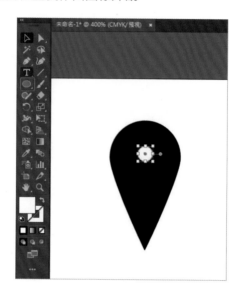

02 ▶ 「幾合圖形」繪製望遠鏡圖形的外觀,再利用「鉛筆工具」繪製弧度線條。

「鏡射工具」鏡射畫面中的物件。

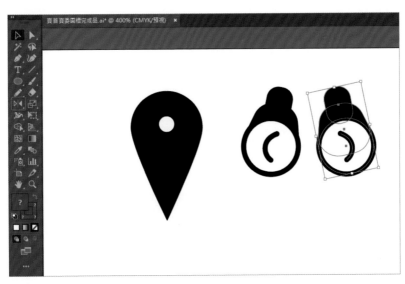

7-1 電子書頁首頁尾設計與編排

7-1-1 製作書籍的頁首頁尾圖標

01 新增一個新的空白畫面與書籍的尺寸大小一致，點選「檔案 > 新增」,「列印」,設定參數「版面尺寸：A4、方向：直式、出血：0 mm、色彩模式：CMYK、點陣特效：300 ppi」。

02 繪製一個指標地標的圖案，點選「橢圓形工具」長按「Shift 鍵」，繪製一個正圓形，再用「直接選取工具」點選下方的錨點。

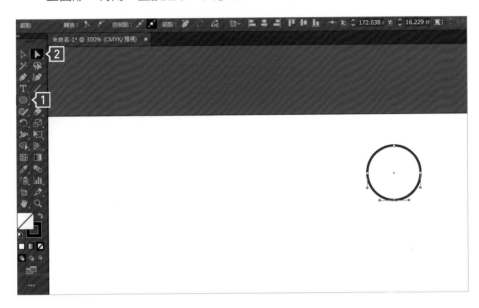

03 在上方控制面板，再點選「選取的錨點轉換為尖角」，將原本的錨點變成尖的。

7

電子書內頁設計與編排（頁首頁尾）

04 按下方向鍵，向下移動以將錨點
往下移動。

05 點選「橢圓形工具」並按住「Shift
鍵」，繪製一個小圓，並且放在圖
標的正中間。

06 點選「選取工具」再點選大圖
標，重新填色顏色為「黑色」。

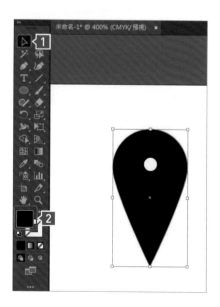

07 ▶ 點選小圓，填色為「白色」。

08 ▶ 繪製望遠鏡圖形，點選「矩形工具」繪製一個矩形、填色為「黑色」。

09 再回到「選取工具」點選畫面中的矩形色塊,點選矩形色塊中的圓圈圖
案,往內移動,讓原本的矩形變成圓角矩形。

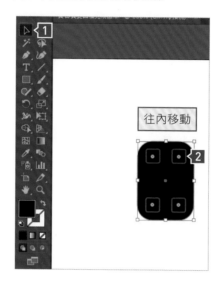

10 「矩形工具」繪製一個長條矩形,再回到「直接選取工具」單獨點選左右錨
點。

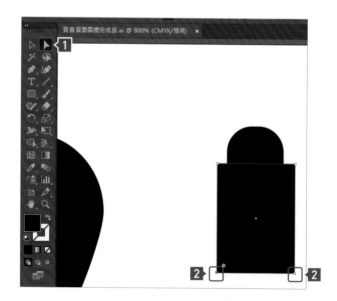

調整錨點的位置，讓圖形變成梯形。

12 按下「Ctrl」與「+」按鍵放大畫面,再點選「直接選取工具」點選畫面中的錨點將梯形的形狀變成圓角梯形。

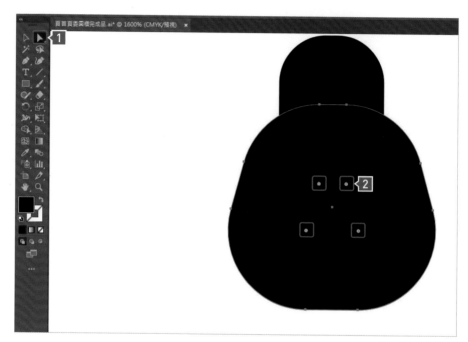

13 再點選「橢圓形工具」,「Shift 鍵」壓著繪製一個正圓形,並且重新填色為「白色」,筆畫線條的顏色為「黑色」,點選右側的「線條」面板,設定「寬度:2px」。

(14) 點選「鉛筆工具」，填色不上色，筆畫線條顏色為「黑色」，繪製一條弧線。

(15) 繪製完畢之後，再利用「選取工具」框選畫面中的圖形，按下滑鼠右鍵，點選「群組」。

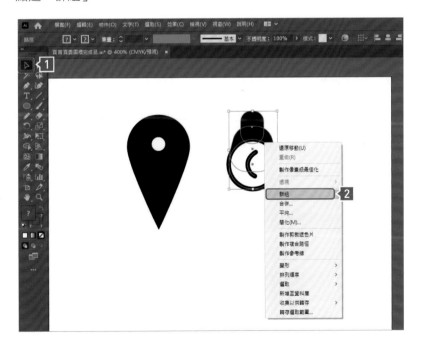

16 同時利用「選取工具」局部旋轉物件的角度。

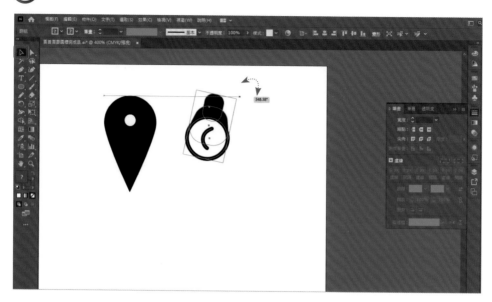

17 接下來鏡射畫面中的物件,點兩下「鏡射工具」,叫出「鏡射」面板。

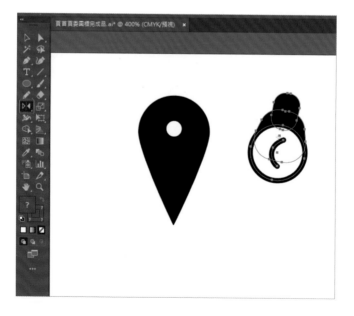

18 點選垂直鏡射的圖案，角度設定為 90 度，並且按下「拷貝」按鈕，複製一個物件。

19 物件鏡射完畢之後，回到「選取工具」，再將鏡射的物件往右移動。

20 點選「矩形工具」繪製一個橫向的矩形色塊。

21 點選「選取工具」並點選色塊，按下滑鼠右鍵，點選「排列順序 > 移至最後」。

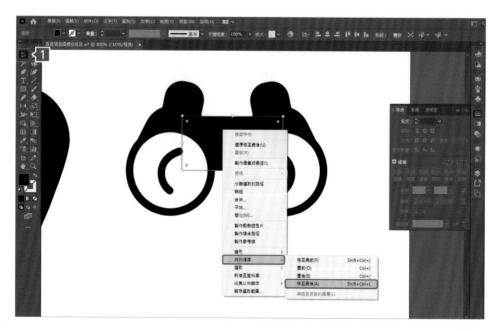

點選「選取工具」，框選畫面中的圖形，按下滑鼠右鍵並點選「群組」，將畫面中的物件群組起來，以方便後續編輯。製作完畢之後儲存 Illustrator 原始檔，在 InDesign 軟體編輯的時候可以置入使用。

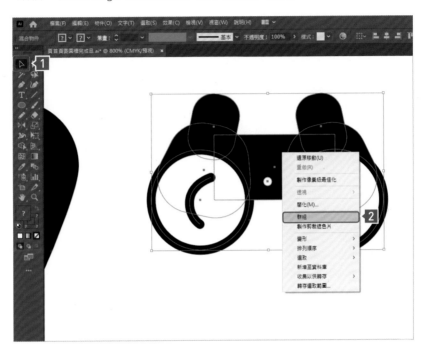

MEMO

08

InDesign 電子書編排

適用：CC 2020-2024 Id

設計概念

以簡約風的風格編排設計，利用漂亮的風景照片陪襯，介紹名古屋各地景點特色。

軟體技巧

在 InDesign 軟體中使用主版的方式編輯內頁，並且加入頁碼製作、段落樣式製作目錄以及圖形繞圖排文的編排、建立字元樣式可以套用在文章裡面的內文使用。

檔案

第 8 章 >

» qr code.jpg
» 日本插圖 .ai
» 名古屋介紹 .docx
» 封底設計完成品 .ai
» 封面設計完成品 .ai
» 頁首頁尾圖標完成品 .ai
» 書籍編輯完成品 .ai
» 書籍編輯完成品 .pdf

第 8 章 > 名古屋照片 >

» 日本食物 .jpg
» 白鳥 (1).jpg 至白鳥 (5).jpg
» 合掌村 (1).jpg 至合掌村 (18).jpg
» 名古屋 (1).jpg 至名古屋 (3).jpg
» 名古屋電台 .jpg
» 飛驒 (1)jpg 至飛驒 (3)jpg
» 熱田神宮 .jpg

01 新增型錄頁面，共 12 頁。分配每一個頁面到需要配置的設計圖稿。

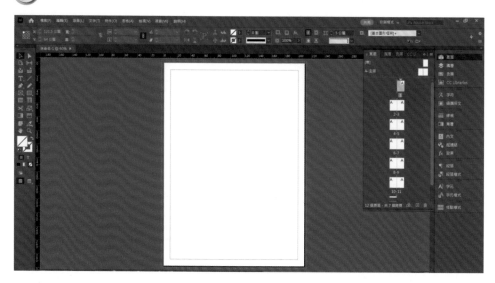

02 將在 Illustrator 軟體中製作的封面封底檔案，置入在第一頁封面設計以及最後一頁（第 12 頁）封底設計的頁面裡，進行編輯與設計。

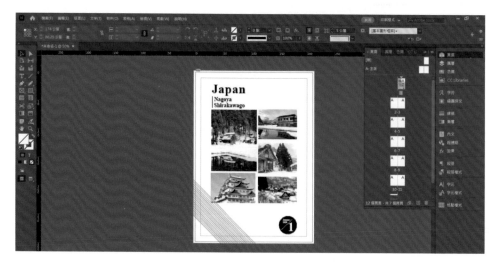

03 將圖片以及向量插圖分別置入軟體，進行編排。

04 接下來要編輯頁碼，將頁碼置入在主版裡，同時套用在內頁裡。

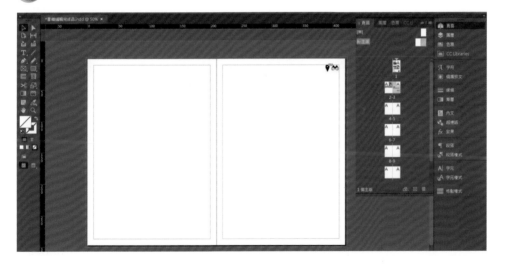

05 在主版裡製作頁首頁尾的設計，並且套用在內頁使用。

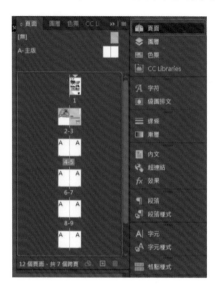

06 置入圖片圖檔在橢圓形框架範圍裡，並將圖框適當編輯。

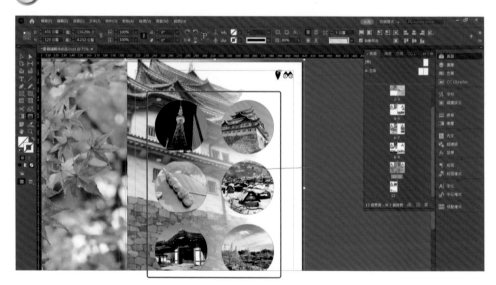

07 　內文編輯製作完畢之後，再製作繞圖排文。

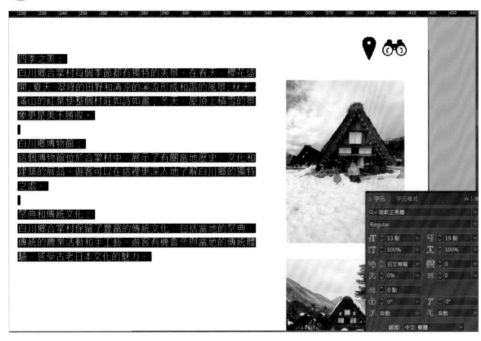

08 　製作段落樣式。

歷史和文化：
飛驒高山地區還擁有豐富的歷史和文化，
包括博物館、寺廟和傳統的祭典。這些
地方提供了深入了解這個地區歷史的機
會。

飛驒高山是一個充滿傳統和文化魅力的
地區。

名古屋城

名古屋城是位於日本中部地區愛知縣名古
屋市的一座歷史悠久的城堡，也是日本著
名的城市地標之一。

歷史沿革：
名古屋城的歷史可以追溯到 1612 年，當
時德川家康將城址賜與他的兒子德川義
直，城堡歷經多次修建和重建，現存的建
築主要是在 1959 年以後的修復。

特色建築：
名古屋城以其獨特的金色瓦片和雕刻精緻

09 目錄的製作。

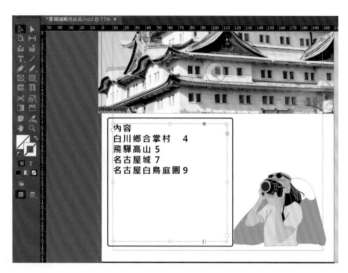

10 將設計好的圖檔，輸出為 PDF 格式。

8-1 電子書內頁建立與編排

8-1-1 新增一個空白的新畫面

01 開啟 InDesign 軟體並且新增一個新的空白工作區域，點選「檔案 > 新增 > 文件」。

02 首先設定方式為「列印」，書籍的頁數為「12 頁」、「對頁」的選項打勾，書籍的方向為左翻書，頁數大小為「A4」直式，出血設定上下內外各為「3 公釐」。

03 設定邊界「上、下、內、外：10 公釐」、設定完畢按下「確定」按鈕。

04 使用者介面設定為「印刷樣式」，檢查剛剛的設定是否錯誤。點選畫面中的「頁面」選項展開「頁面」面板。

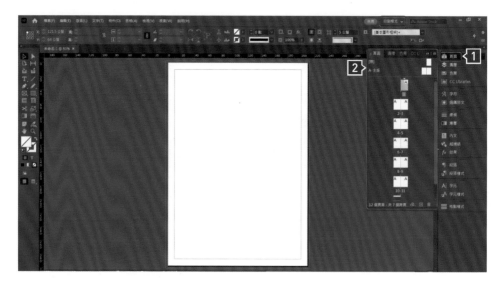

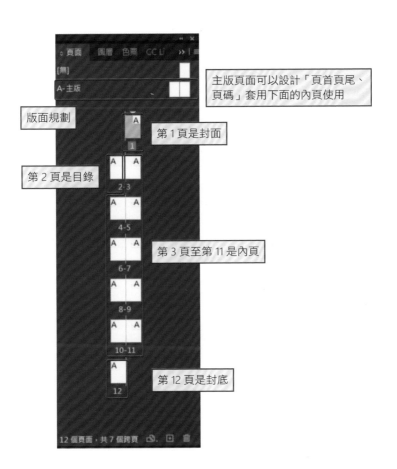

版面規劃

主版頁面可以設計「頁首頁尾、頁碼」套用下面的內頁使用

第 1 頁是封面

第 2 頁是目錄

第 3 頁至第 11 是內頁

第 12 頁是封底

8-1-2 置入 Illustrator 設計圖稿

01　將在 Illustrator 裡面設計好的封面置入在頁面的第一頁，點選頁面面板中的第一頁點兩下，點選「檔案 > 置入」，點選資料夾中的「素材 > 封面設計完成品 .ai」檔案，將圖檔置入在 InDesign，並利用「選取工具」點選畫面中的圖片對齊紅色出血邊緣，由於在 Illustrator 裡面設計的尺寸是 A4 尺寸，所以版面會剛好符合 InDesign 所設定的頁面大小。

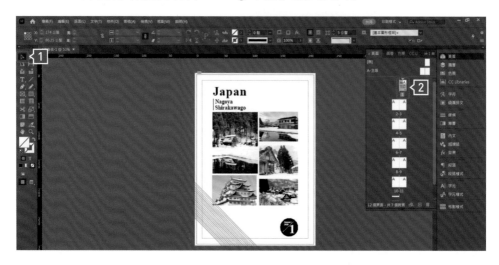

02　接下來點選頁面中的第 12 頁，點兩下進入編輯，將在 Illustrator 裡面設計的完成品「素材 > 封底設計完成品 .ai」檔案置入貼齊版面紅色出血的位置。

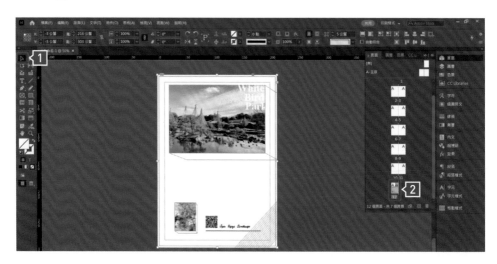

8-1-3 高品質顯示圖片的方式

01 當圖檔置入時檔案解析度會在軟體裡呈現系統的顯示品質，圖片解析度看起來好像不足，可以點選畫面中的圖片執行「物件 > 顯示效能 > 高品質顯示」，可以清楚看到原稿設計的品質。

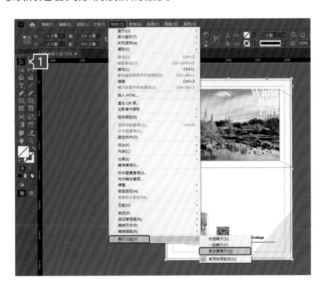

高品質顯示圖像實際印刷出來的效果。

8-1-4 編輯內頁目錄頁

01 點選「第2頁」點兩下進入編輯，確定已經停留在指定第 2 頁頁面後，接下來要置入設計好的圖檔。選取畫面中的「矩形框架工具」，繪製一個矩形框，將設計好的圖檔置入，「檔案 > 置入」點選檔案資料夾中的「素材 > 名古屋照片 > 名古屋 (2).jpg」圖檔。

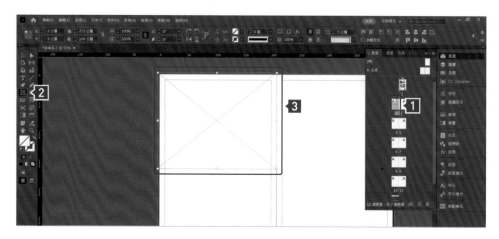

02 將置入好的圖片調整符合矩形框架的尺寸範圍，在上方控制面板「自動符合」的選項打勾，然後點選「等比填滿框架」或「等比例符合」進行細部調整。

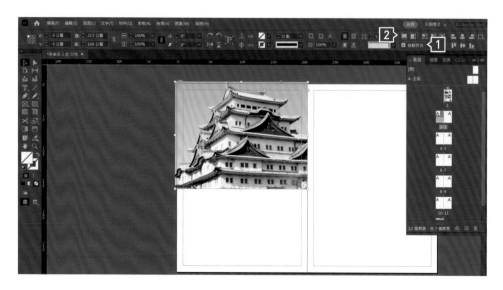

03 「矩形工具」繪製一個矩形色塊，矩形色塊必須貼齊紅色出血，不能小於紅色出血範圍，並且在「填色」工具上面點兩下修改矩形色塊的顏色。

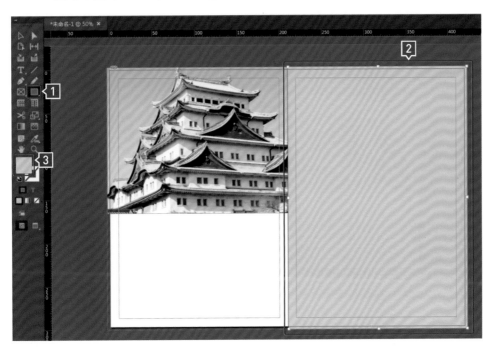

04 在檢測器上面輸入色彩的顏色「C：0%、M：20%、Y：20%、K：5%」。顏色參數輸入完畢之後，按下「確定」按鈕。

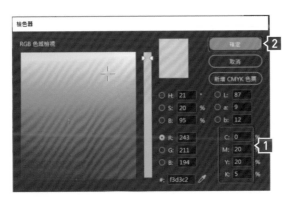

05 描繪完矩形色塊，為了避免在後續編輯的時候會影響到畫面，可以將物件
上鎖。點選「選取工具」並於畫面中的矩形色塊按下滑鼠右鍵，點選「鎖
定」選項。

8-1-5 繪製直線線條

01 點選「線段工具」對著畫面，並長按「Shift 鍵」描繪水平直線，描繪完畢
之後調整線條粗細，點選右側的「進階」面板選「線條」選項，展開「線
條」面板，調整線條寬度「1 點」、線條類型為「一般的直線」，線條的顏色
為「黑色」。

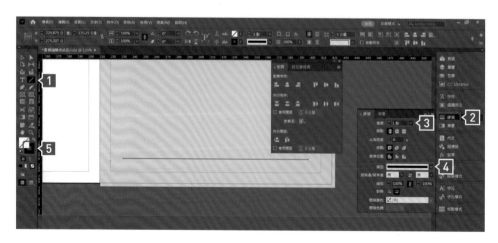

8-1-6 輸入文字

01 點選「文字工具」,對著這畫面框選一個文字區域範圍,並且輸入名古屋三個文字,反選畫面中的文字編輯字形樣式,在右側的「進階」面板中的「字元」選項,展開「字元」面板調整字型大小和樣式,字型選擇「微軟正黑體」,樣式為「Bold」、字體的大小「45 點」,字元距離「250」。

02 調整文字的顏色,「文字工具」反選畫面中的文字,並且在「填色」工具上點兩下,編輯顏色,「C:0%、M:0%、Y:0%、K:80%」參數輸入完畢之後按下「確定」按鈕。

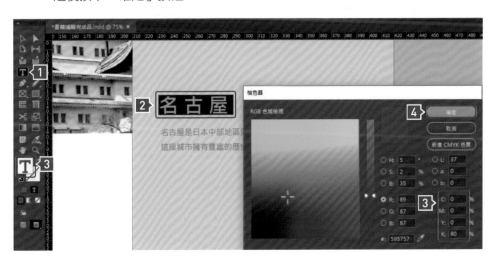

03 編輯內文文字,點選「文字工具」框選一個文字區域範圍,開啟課本提供的範例素材,「素材 > 名古屋介紹 .docx 文字檔」,反選畫面中所需要的文字並且剪下文字檔,再到 InDesign 文字框裡面貼上文字,讀者也可以自行輸入自己想要的文字內容,編輯之後反選畫面中的文字調整字元大小,以及字型樣式,在右側「進階」面板中的「字元」,展開「字元」面板調整字型「微軟正黑體」、樣式「light」、字體大小「18 點」、字元距離「0」。

04 輸入英文字，點選文字工具在畫面中框選一個文字區域範圍，輸入 Japan / Nagoya，反選畫面中的文字，在「字元」面板裡調整「字型 Times New Roman，英文字型的樣式 Bold、字型大小 43 點、字元距離 0」，工具列中的填色顏色將文字改為「白色」。

05 字型調整完畢之後，再點選「選取工具」旋轉文字的角度，以垂直的方式呈現，並且將文字移置在畫面的右邊。

8-1-7 使用 Illustrator 的插圖

01 可以透過 Illustrator 軟體精細的描繪向量插圖，並且在 InDesign 做結合與運用，開啟 Illustrator 中的向量插圖素材，「素材 > 日本插圖 .ai」檔案，點選「選取工具」並點選畫面中向量插圖，按下快速鍵「Ctrl+X」剪下插圖。

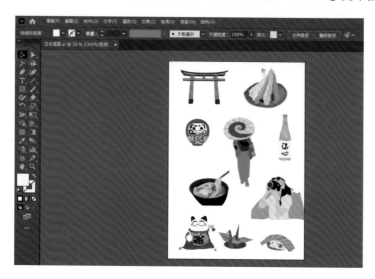

02 再回到 InDesign 軟體，「Ctrl+V」貼上向量插圖的圖檔，進行編輯調整大小。

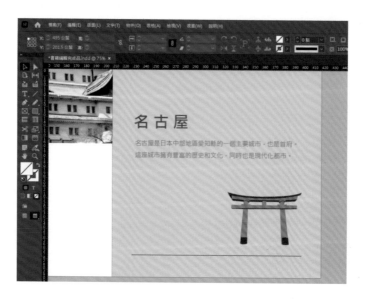

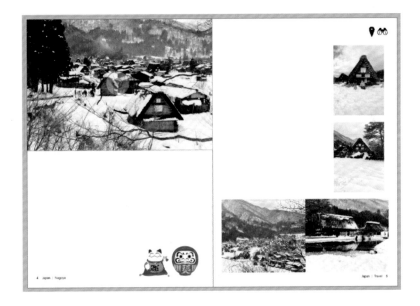

8-1-8 隱藏畫面中的框線呈現實際印刷範圍

編輯的過程裡面會出現很多參考線，出血線以及文字框，暫時隱藏畫面中的
邊界線框，實際呈現畫面中印刷範圍，點選工具列中「檢視」狀態，可以將
畫面中的所有框線暫時隱藏。

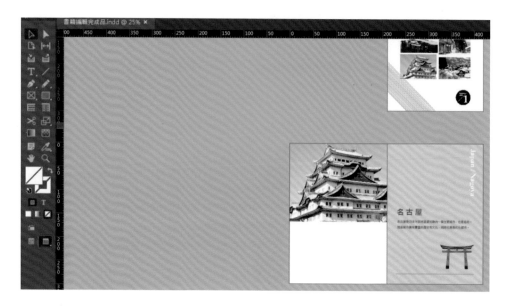

8-1-9 編輯頁碼

01 在書籍中加入頁碼設定，並且套用在內頁裡面做使用，首先點選右側的「頁面」展開「頁面」面板，在面板中的「A- 主版」點兩下進入編輯。

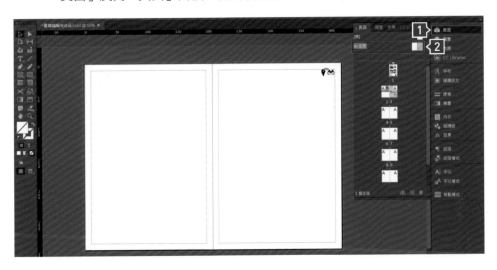

02 選取「文字工具」，框選一個文字區域範圍。

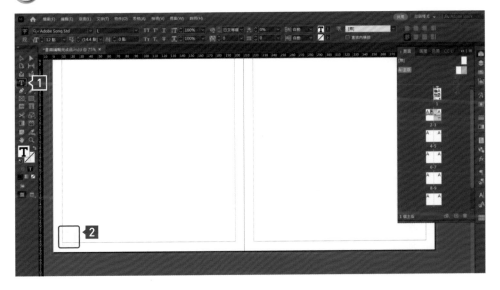

Indesign 電子書編排

03 點選「文字 > 插入特殊字元 > 標記 > 目前頁碼」的設定。

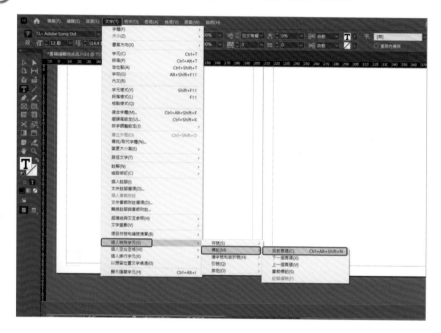

04 畫面中會出現英文字「A」，由於我們是在「A- 主版」裡面製作，所以頁碼會產生「A」。

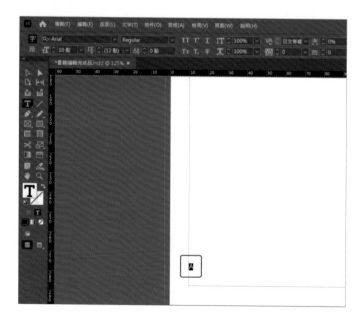

05 點選「選取工具」並選取左邊頁面的頁碼,長按「Alt 鍵」拖曳複製至右邊
的頁面,左右兩邊頁面各會產生頁碼。

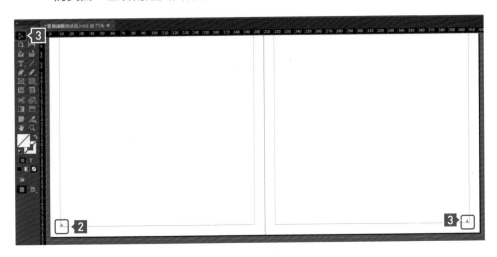

8-1-10 頁首頁尾的設計

01 點選「A 主版」頁面點兩下進入編輯,點選「文字工具」框選一個文字區
域範圍輸入英文字 Japan Nagoya,輸入完畢之後反選畫面中的英文字,在
「字元」面板中調整字型大小,字型大小不需太大,字型的樣式為「微軟正
黑體」、字型大小「10 點」、字元距離「0」。

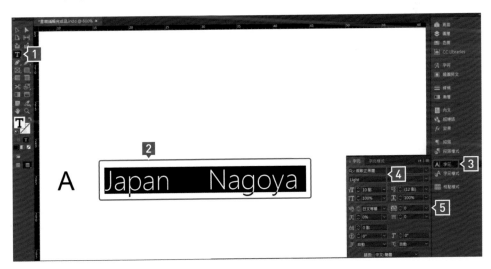

02　在文字中間繪製一條垂直的線條，點選「線段工具」在文字與文字中間，按住「Shift 鍵」，繪製一條垂直的線條，繪製完畢之後在右側的「線條」選項展開「線條」面板調整線條粗細，線條寬度設定為「0.5 點」、在工具列中調整線條顏色，線條的顏色為「黑色」。

03　點選「選取工具」點選左邊的文字，長按「Alt 鍵」拖曳複製，將左邊的文字複製到右邊，在右邊的頁面，相同的方式在右頁製作頁尾設計，點選「文字工具」反選畫面中的文字，輸入英文字 Japan Travel。

8-1-11 取消套用主版的功能

封面頁、封底頁以及第 1 頁至第 3 頁取消套用主版的功能，這幾頁不需要套用任何的主版樣式，可以單獨獨立編輯，點選頁面中的「無主版」，使用拖曳的方式，將主版套用給「封面頁面、第 1 頁封面頁面、第 2 頁目錄頁，第 3 頁內頁，和最後一頁（第 12 頁）封底頁」，這幾頁套用「無 - 主版型」設計樣式。

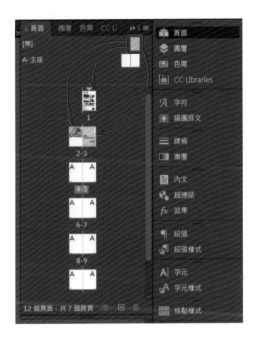

8-1-12 編輯內頁中的所有圖片

01 點選「頁面」面板中的第 4 頁、第 5 頁，點兩下進入編輯。

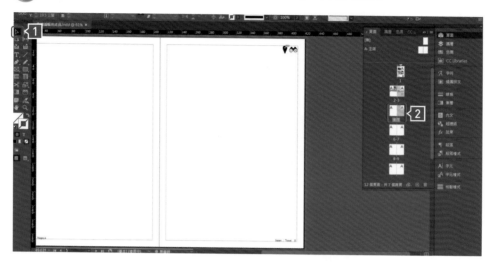

02 點選「矩形框架工具」繪製一個矩形框，再點選「檔案 > 置入」將圖片，
素材資料夾內，「素材 > 合掌村 (1).jpg」圖檔置入在畫面裡，點選「選取
工具」並點選畫面中的圖片，在上方控制面板的選項中「自動符合」的選
項打勾，點選「等比例填滿框架」或「等比例符合內容」的選項，讓照片
符合框架。

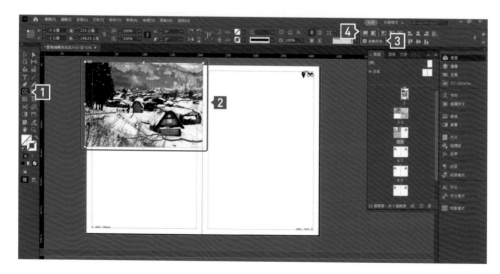

03　點選「頁面」面板第 5 頁點兩下進入編輯，點選「矩形框架工具」繪製兩個矩形圖框。

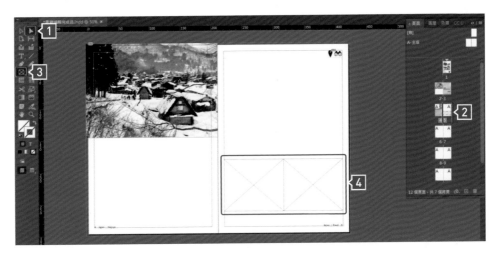

04　回到「選取工具」點選畫面中的圖框，「檔案 > 置入」將圖片，素材資料夾中的圖片，「素材 > 合掌村 (11).jpg」、「素材 > 合掌村 (12).jpg」置入在畫面裡，並且在上面控制面板「自動符合選項打勾」，「等比例填滿框架」或等比例符合內容」以符合畫面中的圖框尺寸大小，圖片進入畫面時可以利用「選取工具」點選畫面中的照片圖框，中間會出現一個圓圈的圖案，可以局部調整照片內容位置。

05 分別將素材資料夾中的圖片檔案「素材 > 合掌村 (5).jpg、合掌村 (4).jpg」置入內頁中。

06 點選內頁第 6 頁和第 7 頁,分別將課本中提供的素材「素材 > 合掌村 (11).jpg、合掌村 (13).jpg、合掌村 (10).jpg、合掌村 (18).jpg」,置入頁面裡。

完成品

8-1-13 橢圓形框架工具繪製圓形框置入圖片

01 點選「橢圓形框架工具」，按住「Shift 鍵」繪製一個正圓形，繪製完畢之後利用「選取工具」點選繪製好的橢圓形框，按住「Alt 鍵」拖曳複製畫面中的圓圈。

02 點選「選取工具」，點選畫面中繪製完成的圓圈，將課本中的素材圖片檔置入，點選「檔案 > 置入」，圖片是「素材 > 名古屋電台 .jpg、名古屋 (3) .jpg、日本食物 .jpg、合掌村 (16).jpg、熱田神宮 .jpg、白鳥 (1).jpg」。

8-1-14　漸層羽化工具

01　點選「矩形框架工具」繪製一個矩形框，並且貼齊紅色出血，再將圖片「檔案 > 置入」，置入課本提供的素材「素材 > 名古屋 (1).jpg」，照片會剛好滿版，符合圖框大小。

02 製作漸層羽化效果，透過漸層羽化效果刷淡名古屋城的照片，讓畫面中的照片更有層次感，點選「選取工具」並點選畫面中的圖框圖片，再點選「漸層羽化工具」，對著畫面中的照片由右往左拉一條漸層線，如此一來，可以刷淡右下角的圖片效果。

對著畫面中的照片由右往左拉一條漸層線。

03 透過降低照片的透明度可以製作出浮水印的效果，將照片墊在頁面的底下呈現，讓畫面看起來不過於單調，點選「選取工具」並點選畫面中的圖片，在上方控制面板中將「不透明度」調降參數為「80%」。

04 編排完畢之後將圖片置入在頁面的最下層，點選「選取工具」並點選畫面中的圖片，按下滑鼠右鍵並點選「排列順序 > 移至最後」。

完成品

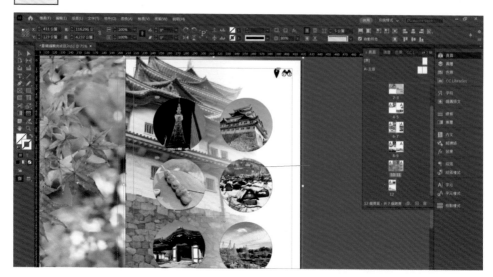

8-1-15 讓圓圈的圖片框加上虛線的筆畫效果

01 ▶ 點選「選取工具」並點選畫面中的圓圈,在「線條」面板中調整參數,筆畫的寬度為「4點」,線條的樣式為「虛線」,筆畫的顏色為「白色」。

8-1-16 建立物件樣式

01 ▶ 將剛剛所建立的白色筆畫虛線效果,建立成物件樣式,建立完畢之後可以套用給其他圓圈的照片做相同的效果,點選畫面中的圓圈,再點選「視窗 > 樣式 > 物件樣式」選項。

02 開啟物件樣式面板，再點選「新增樣式」按鈕，會產生一個新的「物件樣式 1」。

8-1-17 套用物件樣式

01 點選「選取工具」並點選畫面中其他未製作白色虛線的圓圈圖片。

02 再到「物件樣式」面板點選剛才所建立的「物件樣式 1」，套用物件樣式 1 的效果。

完成品

8-1-18 照片製作羽化柔邊效果

01　點選「選取工具」並點選畫面中的圖片，在上方控制面板中點選「效果 > 基本羽化」選項功能。

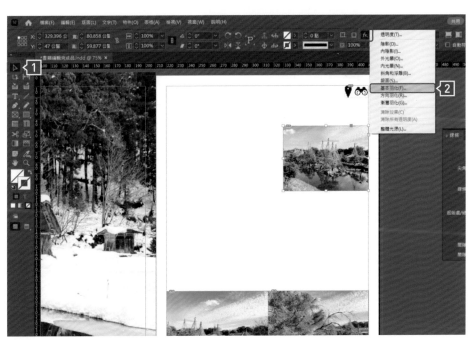

02 「基本羽化」的選項功能打勾,並調整參數羽化「寬度 5 公釐」,製作柔邊羽化效果。

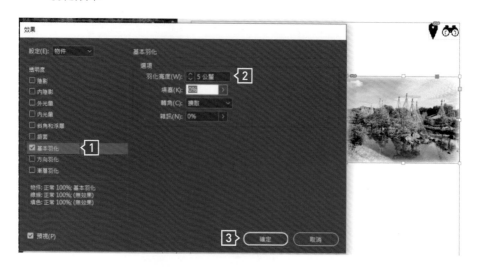

完成品

8-1-19 編輯內文

01 點選「文字工具」繪製一個文字區域框,將課本中提供的素材,「素材 > 名古屋介紹 .docx」的 word 檔開啟,將檔案中的文字拷貝後,貼在 InDesign 文字框內進行編輯。

8-1-20 文字溢排處理

01　文字超過文字框的範圍，在文字框右下角會出現一個紅色的十字框，代表文字溢位溢排，裡面還有文字被包覆在文字框裡，點選「文字工具」並長按「Ctrl 鍵」，再點選紅色的十字框，將多餘的文字擷取出來，將文字擷取出來之後「Ctrl 鍵」鬆開。

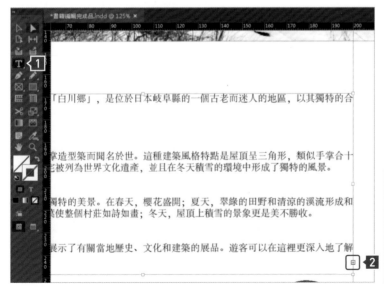

長按「Ctrl 鍵」，再點選紅色的十字框，將多餘的文字擷取出來，將文字擷取出來之後「Ctrl 鍵」鬆開。

02　再繼續繪製下一個文字框的範圍，如此一來，就可以將多餘的文字擷取出來在另外一個新的文字框內。

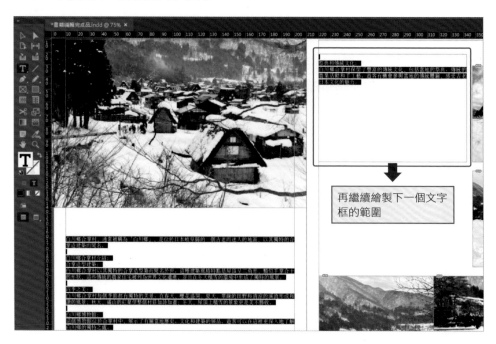

再繼續繪製下一個文字框的範圍

03 按一下「Ctrl+A」，可以全選畫面中所有的文字框，進行編輯文字大小、字元距離，調整字型樣式為「字型：微軟正黑體、樣式：Regular、字型大小：13 點、行距：19 點，字元距離：0」。

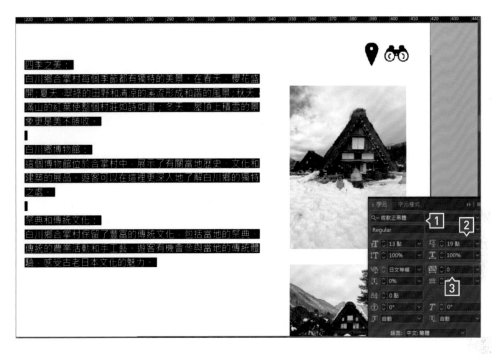

8-1-21 建立字元樣式

01 利用建立字元樣式功能，並且套用在其他的內文使用，可以節省編輯的時間之外，也可以將畫面中所有的內容內文的文字大小統一規格化，點選「文字工具」反選畫面中的某一段文字，再到右側「進階」面板，點選「字元樣式」功能，展開「字元樣式」面板按下「建立新樣式」，建立一個新的「字元樣式 1」的選項。

8-1-22 套用字元樣式

01 編輯的書籍中的內文想要套用一模一樣的字型樣式,點選「選取工具」,再點選畫面中的其他內文文字,點選字元樣式面板中的「字元樣式 1」,並且套用字原樣式 1 中的字型樣式。

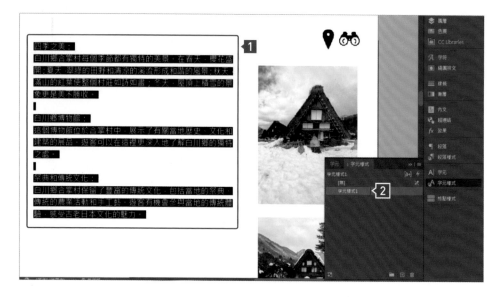

8-1-23　繞圖排文

01 製作圖片圍繞著文字進行編排，點選「選取工具」並點選畫面中的圖片，在右側的「進階」面板中點選「繞圖排文」選項功能，展開「繞圖排文」面板，再點選面板中的「圍繞物件形狀」功能，同時設定圖片與文字圍繞之間的間距為「5 公釐」。

8-1-24　建立段落樣式

01 點選「文字工具」框選一個文字區域範圍，輸入該章節的標題名稱，接著反選畫面中的文字。

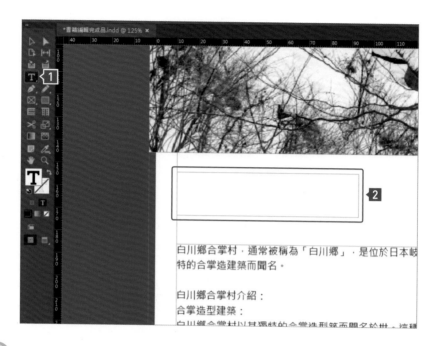

02 在右側面板中的「段落樣式」選項展開「段落樣式」面板，按下「建立新樣式」，建立完新樣式之後，在段落樣式面板中多了一個「段落樣式1」的功能，增加完「段落樣式1」，在「段落樣式1」上面點兩下，進入編輯段落樣式選項功能，編輯文字的大小樣式字元距離。

03 編輯「基本字元格式」內的文字樣式，調整字型樣式：「字體系列：微軟正黑體、字體樣式：Bold、大小：22 點、字距調整：150」，調整完畢按下「確定」按鈕。

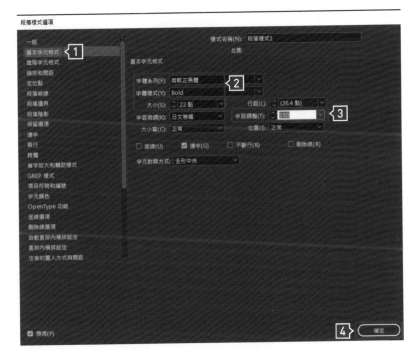

8-1-25 其他頁面的章節套用段落樣式

01 點選「選取工具」並點選畫面中的「段落樣式 1」標題文字，按下快速鍵「Ctrl+C」拷貝畫面中的文字，再點選其他頁面的章節，按下快速鍵「Ctrl+V」貼上文字，並且修改標題的內容為飛驒高山，並確認每一個章節的段落樣式，是否有套用剛才所建立的段落樣式 1 的設定，每個章節標題，完整的建立「段落樣式 1」，會影響到之後在目錄所呈現的目錄標題以及頁數。

02 將拷貝的段落樣式 1 標題文字，按快捷鍵「Ctrl+V」貼上文字，點選畫面中的標題文字修改標題內容為名古屋城。

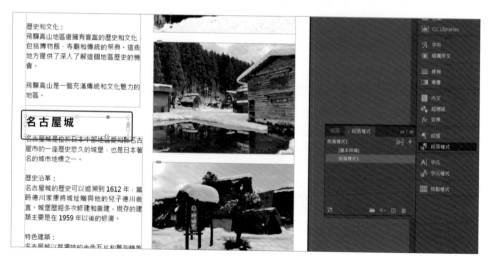

03 將拷貝的段落樣式 1 標題文字，按快捷鍵「Ctrl+V」貼上，並且修改文字
內容為名古屋白鳥庭園。

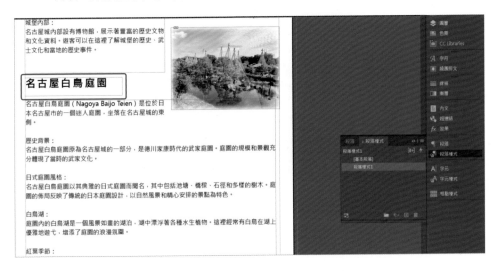

8-1-26 建立目錄

01 製作目錄點選頁面第 2 頁，點兩下進入編輯，第一次製作書籍的目錄必須
先執行「版面 > 目錄樣式」。

02 點選「新增」按鈕，新增一個新的段落樣式。

03 點選剛才建立的「段落樣式 1」，再按下「增加」按鈕，增加至目錄中的樣式。

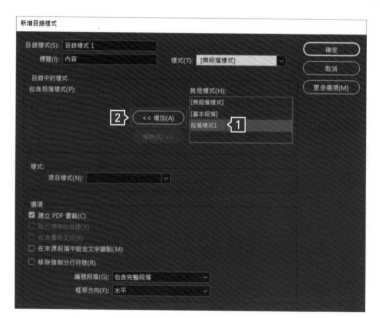

04　增加完畢按下「確定」按鈕。

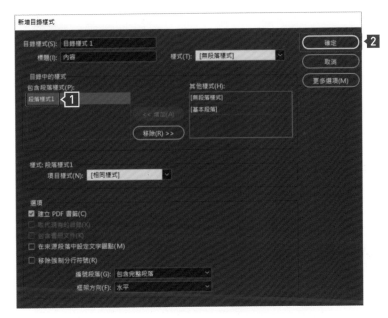

05　「目錄樣式1」增加之後按下「確定」按鈕。

06 目錄樣式增加完畢之後，點選「版面 > 目錄」。

07 畫面中會出現一個文字框，對著畫面拉出一個文字區域範圍，畫面會出現剛才所建立的段落樣式以及頁碼，目錄這樣製作完成了。

8-1-27 編輯目錄樣式文字大小以及行距

01 點選「文字工具」反選畫面中的文字，在「工具列中的填色」點兩下重新調整顏色。

02 設定文字的顏色為「C：0%、M：0%、Y：0%、K：80%」。

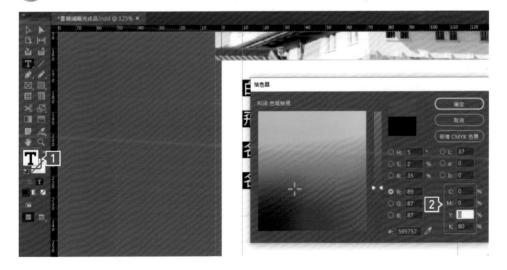

03 在上方控制面板調整文字的樣式、文字大小、文字行距,「文字為微軟正黑體、樣式 Bold、文字大小 22 點、文字行距 41」。

04 將畫面中的頁碼靠右對齊文字框,點選「文字工具」將游標點選在頁碼的前面,在上方控制面板點選「裝訂邊緣對齊」選項,讓畫面中的頁碼靠右對齊。

05 「文字工具」框選一個文字區域範圍，輸入目錄的標題文字 Content，在反選畫面中的文字調整填色顏色，「填色工具」上面點兩下編輯顏色。

06 輸入文字顏色「C：0%、M：0%、Y：0%、K：80%」。

8-1-28 輸出印刷品 PDF 格式

01 編輯完畢之後將檔案轉存為 PDF 印刷格式,點選「檔案 > 轉存」。

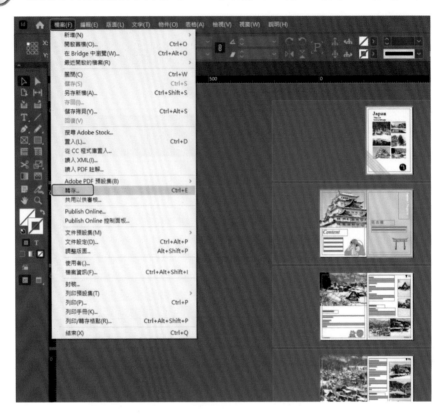

02 存檔類型點選 Adobe PDF(列印) 選項,再按下「存檔」按鈕。

03 轉存 PDF 面板中點選「一般」、Adobe PDF 預設點選「印刷品質」、頁面點選「跨頁」，再點選「轉存」按鈕。

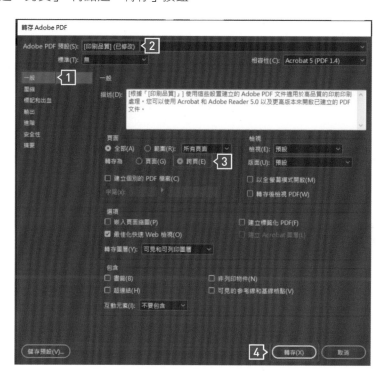

8-1-29 儲存原始檔

InDesign 的原始檔，點選「檔案 > 另存新檔」存檔類型點選現在的版本，按下「存檔」按鈕。

MEMO

09

電子書連結設定與出版

適用：CC 2020-2024 Id

設計概念

以簡約風的風格編排設計，利用漂亮的風景照片陪襯，介紹名古屋各地景點特色，搭配動態按鈕以及互動式的按鈕選項增加互動回饋感，讓一般的電子書更加活潑。

軟體技巧

在平面式的電子書裡，增加了一些互動式的按鈕，讓電子書可以跳轉至上一頁或下一頁，並且在最後一頁增加了，回到目錄、電子郵件連結以及網站連結的互動式按鈕，同時互動式的電子書製作，點選封底的回到目錄頁按鈕，也可以回到目錄頁，再點選目錄頁中的目錄選項，可以連結到各頁的指定頁面。

檔案

第 9 章 > 電子書完成品檔案夾

» 白鳥影片 .MP4
» 電子書完成品 .EPUB
» 電子書完成品 .html
» 電子書完成品 pdf
» 電子書完成品 .ind

第 9 章 > 電子書完成品 -web-resources

01 加入互動式的按鈕，讓畫面的上一頁與下一頁可以有互動的連結。

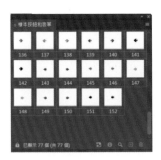

02 在「回目錄」文字中，加入超連結設定，並且設定回到目錄頁。

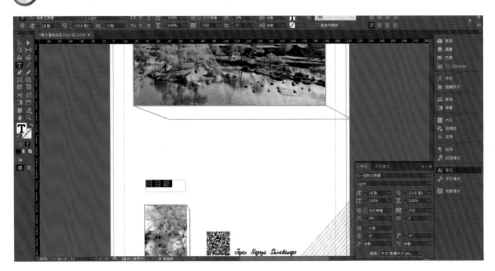

03 加入網站的網址連結。

完成圖

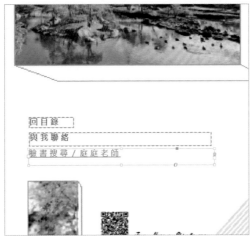

9-1 ‖ 電子書出版連結設定

9-1-1 製作電子書

01 將設計好的印刷品的書籍轉變成電子書形式來呈現，書籍加入可以互動的按鈕，點選「視窗 > 互動 > 按鈕與表格」。

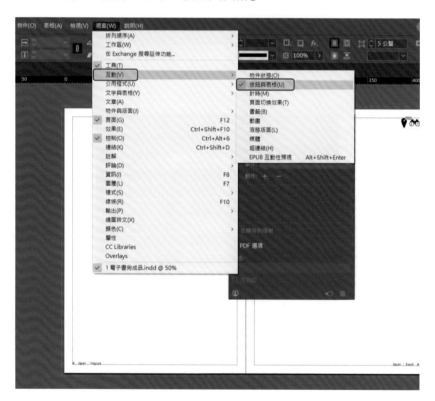

02 開啟「按鈕與表格」面板，在選項的選單中，點選「樣本按鈕和表單」。

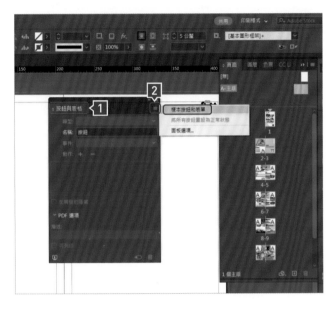

03 將「樣本按鈕和表單」中的按鈕「編號 151 的按鈕」和「編號 152 的 按鈕」，拖曳到書籍中的「A- 主版」頁面使用。

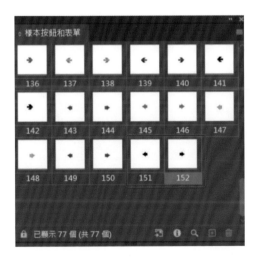

04 在頁面的面板中，點選「A- 主版」兩下進入編輯，將「編號 151 的按鈕」拖曳到左邊的頁面，並將「編號 152 的按鈕」拖曳到頁面右方。

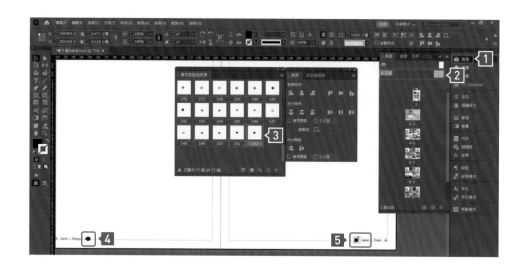

9-1-2 增加互動式連結

電子書可以增加互動超連結設定，可以增加頁面的連結、網站的連結、電子郵件信箱連接，讓畫面更具有互動性。

01 ▶ 點選頁面的「封底頁第 12 頁」，點兩下進入編輯，點選「文字工具」框選一個文字區域範圍，輸入文字「回目錄」，輸入完畢之後反選畫面中的文字，先調整字型樣式：「字型：微軟正黑體、字體大小：18 點，字距：250」。

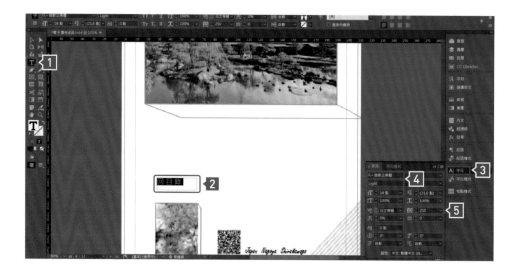

02 　點選「文字工具」輸入文字「回目錄」，再回到「選取工具」點選畫面中輸入好的文字，在右側面板點選「超連結」選項，開啟「超連結」面板，在面板中右上角的「選項 > 新增超連結」。

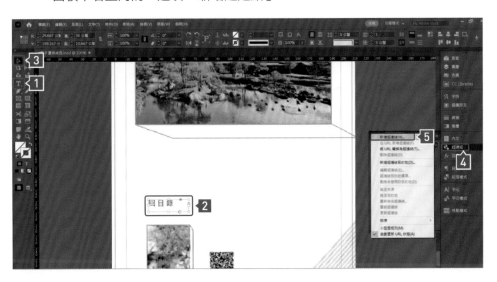

03 　新增超連結中「連結至：頁面」，目的地中提到的頁面，頁數設定為「2」，代表會回到第 2 頁的目錄頁，設定完畢之後按下「確定」按鈕。

9-1-3 新增電子郵件連結

01 點選「文字工具」，框選一個文字區域範圍輸入文字「與我聯絡」，輸入完畢之後調整字型樣式：「字型：微軟正黑體，樣式：Light、字體大小：18點、字元距離：250」。

02 再回到「選取工具」點選畫面中輸入好的「與我聯絡」文字，點選右側面板中的「超連結 > 選項 > 新增超連結」。

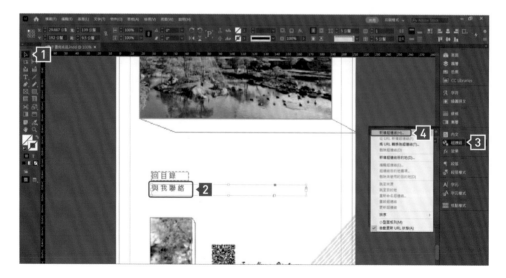

03 「連結至：電子郵件」、「目的地」中的地址選項輸入完整的 email 信箱，「主旨行」輸入「與我聯絡」，輸入完畢之後按下「確定」按鈕。

9-1-4 網站網址連結

01 點選「文字工具」框選一個文字區域範圍，輸入文字「臉書搜尋 / 庭庭老師」，輸入完畢之後，反選畫面中的文字，調整字型樣式：「字體：微軟正黑體、字型大小：18 點，字元距離：250」。

02 點選「選取工具」並點選畫面中輸入好的文字,再到右側面板「超連結」選項展開「超連結」面板,點選「選項 > 新增超連結」。

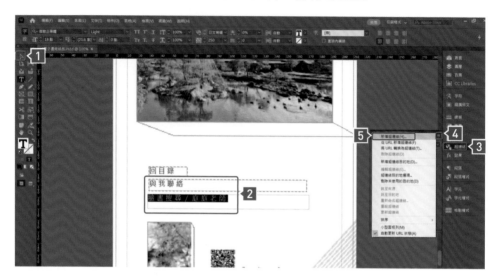

03 「新增超連結」面板中「連結至」設定為「URL」,此設定為網址連結的意思,「目的地」中的 URL 則輸入完整的網址連結路徑,設定完畢之後按下「確定」按鈕。

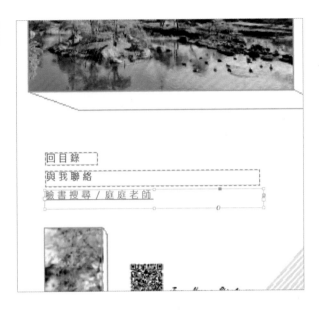

完成品

9-1-5 製作動畫效果

電子書可以製作互動式的動畫效果，讓畫面看起來較為生動活潑。

01 點選畫面中頁面「第11頁」點兩下進入編輯，點選「選取工具」並點選畫面中已經完成的圓圈圖案，「視窗 > 互動 > 動畫」開啟「動畫」面板。

02 在「動畫」面板中設定動畫參數「預設值：淡入、事件：載入頁面、持續時間：2秒、播放：2次」。

03 設定完畢之後點選「檢視跨頁」，可以預覽動畫效果。

9-1-6 加入影片

在電子書中加入生動活潑的影片，讓電子書更具有看頭。

01 點選「視窗 > 互動 > 媒體」，開啟「媒體」面板，再點選「檔案 > 置入」，置入課本提供的素材資料夾中的「素材 > 白鳥影片 .MP4」。

02 點選「選取工具」並點選畫面中的影片，可以在「媒體」面板中按下「播放」按鈕，檢視影片效果。

9-1-7 漸層羽化刷淡背景底圖

點選「選取工具」並點選畫面中底下的楓葉圖片,選取「漸層羽化工具」,由下往上拉漸層羽化,讓底下的圖片看起來比較淡才不會太過搶眼。

9-1-8 輸出電子書

(01) 將設計好的電子書轉存成是可互動式的格式，點選「檔案 > 轉存」。

(02) 選擇存檔類型：Adobe PDF(互動式)，按下「存檔」按鈕。

03 在「轉存為互動式 PDF」面板的「一般」選項頁籤中，點選「全部」以及「跨頁」。

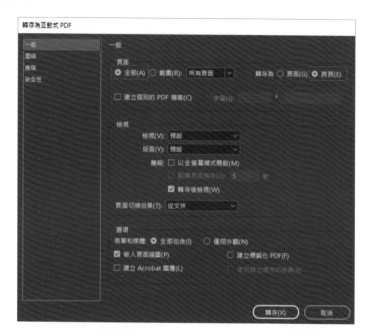

04 在「壓縮」頁籤中調整影像壓縮參數：「壓縮：JPEG、JPEG 品質：中、解析度：72」，設定完畢之後按下「轉存」按鈕。

9-1-9　檢查 PDF 互動式功能是否正常

01 可利用瀏覽器的方式開啟 PDF 檔案格式或是開啟 Adobe Acorbat 軟體、檢查目錄頁的頁面是否可以透過互動式的功能進行連結。

02 檢查封底頁面中的「回目錄、與我聯絡、臉書搜尋 / 庭庭老師」是否可以透過互動式的 PDF 格式進行連結。

03 檢查內頁中的按鈕選項，輸出成 PDF 互動式，使其可以點選上下頁。

9-1-10 輸出 EPUB 檔案格式

點選「檔案 > 轉存」，檔案格式點選「EPUB」電子書格式。

9-1-11 電子書輸出為 HTML 格式

01 點選「檔案 > 轉存」,「存檔類型:HTML」此檔案格式開啟為網頁格式,設定完畢之後按下「存檔」按鈕。

02 點選「一般」選項,轉存設定為「文件」、「轉存後檢視 HTML」。

03 「影像」選項設定「解析度：150、影像品質：高」。

04 勾選「進階」選項的「在 HTML 中包含類別、產生 CSS、保留本機優先選項」，最後按下「確定」按鈕。

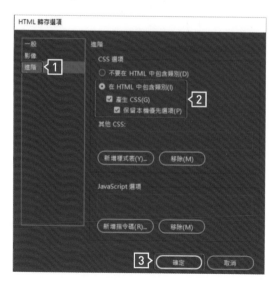

9-1-12 完整打包封裝所有檔案

在設計的過程中如果找不到檔案，可以透過封裝打包的方式，將檔案打包在一個資料夾裡面。

01 點選「檔案 > 封裝」，再點選「封裝」按鈕選項，檔案就會進行打包的動作，會將所有使用到的檔案以專案資料夾的方式放在同一個資料夾裡面。

02 打包封裝完後的檔案會產生一個專案資料夾，專案資料夾中包含使用到的字型檔 Document fonts、Links 資料夾（編輯此文件所使用的圖片檔）、電子書完成品的檔案原始檔，以及一個電子書 PDF 校稿用的電子式檔案。

9-1-13 檢視檔案是否正確

編輯完較多頁數的頁面，在畫面最下方會出現綠色的圓形標示，代表該檔案編輯部分沒有任何錯誤訊息。

但如果出現紅色圓形的標示，就代表該檔案裡面有出現錯誤，有可能是文字溢排溢位、也有可能是畫面中的圖片連接檔案有調整或移動，因此編輯書籍的同時也要注意是否有出現錯誤，如有發現錯誤問題必須要解決它，避免在印刷的時候出現無法補救的狀況。

Photoshop×Illustrator×InDesign 商業平面設計三劍客(CC 適用)

作　　者：楊馥庭(庭庭老師)
企劃編輯：石辰蓁
文字編輯：江雅鈴
設計裝幀：張寶莉
發 行 人：廖文良

發 行 所：碁峰資訊股份有限公司
地　　址：台北市南港區三重路 66 號 7 樓之 6
電　　話：(02)2788-2408
傳　　真：(02)8192-4433
網　　站：www.gotop.com.tw
書　　號：AEU017500
版　　次：2024 年 11 月初版
建議售價：NT$480

國家圖書館出版品預行編目資料

Photoshop×Illustrator×InDesign 商業平面設計三劍客(CC 適用)
　/ 楊馥庭(庭庭老師)著. -- 初版. -- 臺北市：碁峰資訊, 2024.11
　　面；　公分
　ISBN 978-626-324-908-0(平裝)
　1.CST：數位影像處理　2.CST：Illustrator(電腦程式)
　3.CST：InDesign(電腦程式)　4.CST：平面設計
312.837　　　　　　　　　　　　　　　　113014049